阿哈湖鸟类图鉴

贵阳阿哈湖国家湿地公园管理处◎主编

中国林業出版社
·北 京·

图书在版编目（CIP）数据

阿哈湖鸟类图鉴 / 贵阳阿哈湖国家湿地公园管理处主编.
-- 北京 : 中国林业出版社, 2021.10
ISBN 978-7-5219-1187-9
Ⅰ. ①阿… Ⅱ. ①贵… Ⅲ. ①鸟类－贵阳－图集Ⅳ. ①Q959.708-64

中国版本图书馆CIP数据核字(2021)第101878号

责任编辑：何 蕊 杨 洋

出　版：中国林业出版社（100009 北京市西城区德内大街刘海胡同7号）
网　址：http://www.forestry.gov.cn/lycb.html
电　话：010-83143580
印　刷：河北京平诚乾印刷有限公司
版　次：2021年10月第1版
印　次：2021年10月第1次
开　本：889mm×1194mm 1/16
印　张：23.25
字　数：380千字
定　价：270.00元

阿哈湖鸟类图鉴

编委会

序言

“两个黄鹂鸣翠柳，一行白鹭上青天。”耳熟能详的千古名句，一句一景，描写了鸟类的美丽图景，构成了一个自然春色的美妙意境。好鸟枝头亦朋友，在树林、草地、河滩、湖库，处处可见鸟类美丽的身姿。作为善飞行的脊椎动物，其有规律的活动是自然界脉动的信息。鸟类的栖息活动类型、食性功能类群多样，无论是林鸟、草地鸟、水鸟，还是攀禽、鸣禽、涉禽、游禽，它们与自然万物相互依存，是大自然的精灵。

阿哈湖国家湿地公园地处云贵高原的喀斯特地貌区域，是一个融库塘湿地、河流湿地和喀斯特溶洞湿地于一体的城央湿地公园。作为高原喀斯特湿地明珠，阿哈湖给世人展示出了婀娜多姿的湿地形态，发挥着重要的生态服务功能。阿哈湖自然环境优越，生物多样性丰富，拥有独特而多样的鸟类资源。阿哈湖的鸟类不仅是贵阳城市生物多样性的重要组成部分，更是广大市民了解自然、欣赏自然、学习自然的重要对象。阿哈湖这片神奇的喀斯特湿地，因为丰富多样的鸟类的存在，使得这片城央喀斯特湿地更富生命力。

作者在对阿哈湖鸟类进行广泛调查的基础上，编写了《阿哈湖鸟类图鉴》，书中共记录阿哈湖国家湿地公园鸟类18目57科223种。作者以图文并茂的形式对这些鸟类进行了全面的介绍，包括每种鸟类的野外识别特征、生态习性、保护现状。难能可贵的是，作者在查阅大量国内外鸟类研究相关文献的基础上，总结了每种鸟类的科普知识点，许多是来自野外观察的第一手资料，言简意赅，使得《阿哈湖鸟类图鉴》的趣味性和科普性更强。书中的精美鸟类图片，更是传神而直观地展现了阿哈湖湿地鸟类的魅力。

《阿哈湖鸟类图鉴》是一本图文并茂的观鸟指南和科普读物，记录了阿哈湖湿地最受关注的鸟类。该书凝聚着作者对阿哈湖国家湿地公园鸟类的细致观察和对阿哈湖湿地的深厚情感。大量精美的插图和生动的文字描述，图文并茂地讲述了高原喀斯特湿地鸟类的奥秘。走进贵阳阿哈湖这片高原湿地秘境，在本书的指引下，去观察、欣赏喀斯特湿地鸟类的美丽身影，去倾听那来自大自然精灵的悦耳歌声。希望本书的出版能够为国家湿地公园管理者、湿地宣教工作者、社会公众和青少年提供参考和指引，对爱好鸟类的广大公众发挥重要的指导作用。

国家湿地科学技术委员会委员、

重庆大学二级教授、博士生导师

袁兴中

2021年9月16日

前言

贵阳阿哈湖国家湿地公园（以下简称“阿哈湖湿地”）位于贵州省贵阳市中心城区西南部，地理坐标为东经106°37′03″～106°40′39″，北纬26°30′38″～26°33′52″。湿地公园于2014年底通过试点验收后正式挂牌，规划总面积1024.71公顷，分为湿地保育区、恢复重建区和合理利用区，包括河流湿地、沼泽湿地、人工湿地三类四型，涉及贵阳市花溪区、南明区、云岩区、经开区4个区，南北长5.7千米，东西长4.9千米，流域面积190平方千米。

阿哈湖湿地地处黔中亚热带湿润温和气候区，冬无严寒，夏无酷暑。岩溶丘陵、山峰与侵蚀剥蚀的低山沟谷相间分布，喀斯特地貌发育较为强烈。湿地与喀斯特山体嵌套布局，形成了多样的生境类型，孕育着丰富的生物多样性。湿地公园自成立以来，持续开展生物多样性监测，据统计，阿哈湖湿地有维管植物138科446属827种，野生脊椎动物32目94科302种，包括两栖动物1目6科12种，爬行动物1目8科14种，鸟类18目57科223种，兽类7目14科29种，鱼类5目9科24种。与省内科研院所保持长期合作关系，建立了湿地资源数据库，为湿地保护提供科学指导。

阿哈湖湿地得益于比邻城区的区位优势，被公众美称为“家门口的湿地”，不仅为公众提供宜人的生态空间，更为公众接受生态洗礼和自然教育提供了理想去处。阿哈湖湿地的鸟类作为区域生态系统的重要成员，也是向公众讲述自然故事的重要素材。因此，基于多年的监测数据积累，结合阿哈湖湿地已发表的论文和未发表的监测报告，编制了阿哈湖湿地鸟类名录，共收录了223种鸟类。名录编制参照郑光美院士的《中国鸟类分类与分布名录（第三版）》，并以图文并茂的形式对这些鸟类进行了全面的介绍，包括每种鸟类的中文名、拉丁学名、英文名、别名、野外识别特征、生态习性、保护现状、居留型。大部分物种照片拍摄于阿哈湖湿地，少部分物种为其他地区补充。值得一提的是，我们简化了对物种形态的描述，因为我们相信，广大读者更愿意欣赏生动直观的图片；增加了鸟类繁殖生态学的描述，因为向公众科普鸟类繁殖与生境的关系对于提升大家的护鸟意识是很有必要的。此外，为了在传统图鉴的基础上有所创新，我们针对每种鸟类查阅了国内外相关研究文献，结合科学常识，总结了每种鸟类相关的科普知识点，以期提高本书的趣味性和科普性。希望本书的出版能为鸟类学者和野生动物保护管理人员提供参考，也能为公众走进自然和认识自然提供途径。在此，对为本书出版提供帮助的所有人员表示衷心的感谢！

由于编者水平有限，时间仓促，书中不足与错漏在所难免，恳请广大读者与专家不吝指正，以便更趋完善。

编者

2021年1月

目录

公园自然概况

一、阿哈湖国家湿地公园自然概况

（一）湿地公园位置与范围

贵阳阿哈湖国家湿地公园（以下简称“阿哈湖湿地”）位于贵阳主城区西南部，规划面积1024.71公顷，包括阿哈水库主体、游鱼河下游及河口段、金钟河下游及河口段、白岩河下游及河口段、烂泥沟河河口段、蔡冲河河口段、阿哈水库面山水源涵养区、水库坝下小车河段，涉及贵阳市的花溪区、南明区、云岩区、经开区4个区。阿哈湖湿地分为湿地保育区、恢复重建区、合理利用区三大功能区。

（二）地质地貌

阿哈湖湿地地处苗岭山脉中段，贵州高原第二阶梯上，出露地层有二迭系阳新灰岩与龙潭煤系，三迭系的大冶组薄层石灰岩，安顺组厚层灰岩与中厚层白云岩，花溪组的薄层、中厚层白云岩及泥质白云岩与泥页岩夹层。形成的地貌为岩溶丘陵、山峰与侵蚀剥蚀的低山沟谷相间分布，灰岩分布较广，喀斯特发育较为强烈。湿地公园主体——阿哈水库处于向斜构造地带，是一个断裂沟谷——山间河流型水库。

（三）气候

阿哈湖湿地地处黔中亚热带湿润温和气候区，冬无严寒，夏无酷暑。年均温度15.3℃，年极端最高温度35.1℃，年极端最低温度－7.3℃。年平均降水量1140～1200毫米，年降水天数平均为178天，雨量多集中在5～8月，约占全年降水量的65%；日照时间较短，全年平均日照1148.3小时；该区湿度受季风环境影响，全年平均相对湿度为78%，无霜期270～290天。

（四）土壤

贵阳市所辖区域土壤类型多样，成土母岩主要有碳酸盐岩、碎屑岩风化物、第四纪红色黏土。土壤有黄壤、石灰土、紫色土、沼泽土、潮土和水稻土6个土类，18个亚类，51个土属，100个土种。阿哈湖湿地成土母岩以碳酸盐岩为主，土壤类型以黄壤、石灰土、沼泽土为主，间或有少量水稻土分布。

（五）水文

阿哈湖湿地公园的主体——阿哈水库坝址以上集水面积约190平方千米，流域包括5条入库支流——游鱼河、白岩河、蔡冲河、金钟河和烂泥沟河，均属于长江流域乌江水系南明河支流，水库坝下小车河位于公园内，长度约3.08千米。其中游鱼河、白岩河、蔡冲河比降较大，水土流失也相对较重。

（六）土地利用与湿地类型

阿哈湖湿地规划总面积1024.71公顷，以林地、水域及水利设施用地为主，占公园总面积的92.78%，规划区内无基本农田、无村庄、无住宅。

阿哈湖湿地分为河流湿地、沼泽湿地、人工湿地三大湿地类，四个湿地型，湿地总面积437.93公顷，湿地率42.74%。

二、阿哈湖国家湿地公园鸟类多样性

（一）鸟类调查与监测

阿哈湖湿地以阿哈水库为主体，水域面积占比较大，考虑到鸟类活动范围广，为充分查清该区域的鸟类物种，调查与监测范围适当向外扩张，并布设了9条样线（见图1），长度约2～5千米，兼顾了不同生境类型、植被类型、干扰程度及海拔梯度，于不同季节沿样线开展鸟类调查与监测，记录鸟类种类、数量等。同时，在湿地公园范围内安装了22台红外监测相机（见图1），收集鸟类影像后鉴定。

（二）鸟类概况

根据阿哈湖湿地公园鸟类调查与监测数据，结合近五年阿哈湖湿地已发表的论文和未发表的监测报告，整理阿哈湖湿地分布的鸟类物种，参照《中国鸟类分类与分布名录

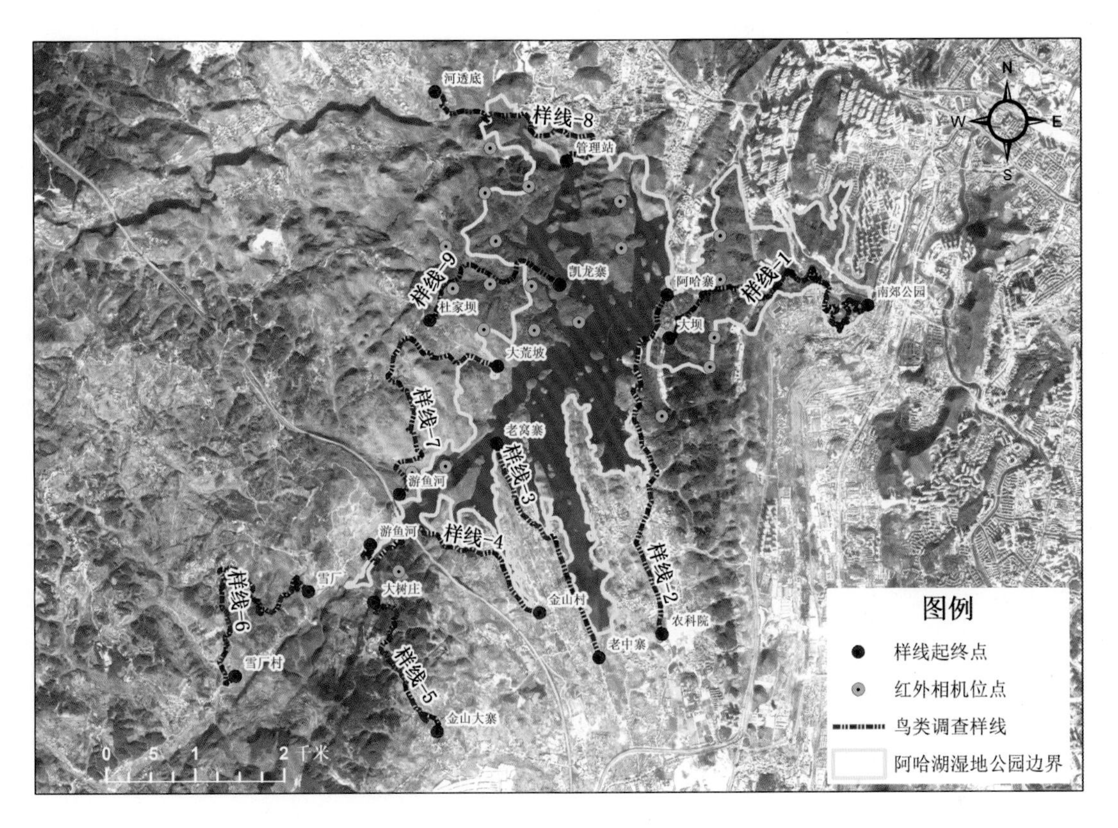

图1　阿哈湖国家湿地公园鸟类监测样线（点）图

（第三版）》编制物种名录。

据统计，阿哈湖湿地公园鸟类共计18目57科223种。其中，国家一级重点保护鸟类1种，国家二级重点保护鸟类30种；列入CITES附录I的鸟类1种，列入附录II的鸟类18种；列入IUCN红色名录易危（VU）级的鸟类2种，列入近危（NT）级的鸟类2种；列入《中国生物多样性红色名录——脊椎动物卷》易危（VU）级的鸟类2种，列入近危（NT）级的鸟类16种；“三有”鸟类162种；中国特有种6种。种数最多的是雀形目，共32科127种，占阿哈湖鸟类物种总数的59.95%。

根据中国动物地理区划可知，阿哈湖湿地属于东洋界－华中区－西部山地高原亚区，对分布的149种繁殖鸟类进行区系分析可知，繁殖鸟类以东洋界物种和广布种占优势，占繁殖鸟总种数的97.34%，其中，东洋界物种81种，广布种64种，古北界物种4种。居留型方面，以留鸟为主，共102种，夏候鸟47种，冬候鸟45种，旅鸟27种，迷鸟2种。

（三）阿哈湖湿地公园鸟类名录

贵阳阿哈湖国家湿地公园鸟类名录

目—科—种	居留型	区系	国家保护级别	CITES附录	IUCN濒危等级	生物多样性红色名录等级	“三有”物种
一、鸡形目 GALLIFORMES							
（一）雉科 Phasianidae							
1．灰胸竹鸡 *Bambusicola thoracicus**	R	东			LC	LC	√
2．环颈雉 *Phasianus colchicus*	R	广			LC	LC	√
3．红腹锦鸡 *Chrysolophus pictus**	R	东	二级		LC	NT	
二、雁形目 ANSERIFORMES							
（二）鸭科 Anatidae							
4．栗树鸭 *Dendrocygna javanica*	P		二级		LC	VU	√
5．小天鹅 *Cygnus columbianus*	W		二级		LC	NT	
6．翘鼻麻鸭 *Tadorna tadorna*	P				LC	LC	√
7．赤麻鸭 *Tadorna ferruginea*	W				LC	LC	√
8．鸳鸯 *Aix galericulata*	W		二级		LC	NT	
9．赤膀鸭 *Mareca strepera*	W				LC	LC	√
10．赤颈鸭 *Mareca penelope*	W				LC	LC	√
11．斑嘴鸭 *Anas zonorhyncha*	W				LC	LC	√
12．绿翅鸭 *Anas crecca*	W				LC	LC	√
13．红头潜鸭 *Aythya ferina*	W				VU	LC	√
14．白眼潜鸭 *Aythya nyroca*	W				NT	NT	√
15．凤头潜鸭 *Aythya fuligula*	W				LC	LC	√
三、䴙䴘目 PODICIPEDIFORMES							
（三）䴙䴘科 Podicipedidae							
16．小䴙䴘 *Tachybaptus ruficollis*	R	广			LC	LC	√
四、鸽形目 COLUMBIFORMES							
（四）鸠鸽科 Columbidae							
17．山斑鸠 *Streptopelia orientalis*	R	广			LC	LC	√
18．火斑鸠 *Streptopelia tranquebarica*	R	广			LC	LC	√

（续表）

目—科—种	居留型	区系	国家保护级别	CITES附录	IUCN濒危等级	生物多样性红色名录等级	“三有”物种
19．珠颈斑鸠 *Streptopelia chinensis*	R	东			LC	LC	√
五、夜鹰目 CAPRIMULGIFORMES							
（五）夜鹰科 Caprimulgidae							
20．普通夜鹰 *Caprimulgus indicus*	S	广			LC	LC	√
（六）雨燕科 Apodidae							
21．白腰雨燕 *Apus pacificus*	S	广			LC	LC	√
22．小白腰雨燕 *Apus nipalensis*	S	东			LC	LC	√
六、鹃形目 CUCULIFORMES							
（七）杜鹃科 Cuculidae							
23．噪鹃 *Eudynamys scolopaceus*	R	东			LC	LC	√
24．乌鹃 *Surniculus lugubris*	S	东			LC	LC	√
25．大鹰鹃 *Hierococcyx sparverioides*	S	东			LC	LC	√
26．小杜鹃 *Cuculus poliocephalus*	S	广			LC	LC	√
27．四声杜鹃 *Cuculus micropterus*	S	广			LC	LC	√
28．中杜鹃 *Cuculus saturatus*	S	广			LC	LC	√
29．大杜鹃 *Cuculus canorus*	S	广			LC	LC	√
七、鹤形目 GRUIFORMES							
（八）秧鸡科 Rallidae							
30．灰胸秧鸡 *Lewinia striata*	S	广			LC	LC	√
31．红脚田鸡 *Zapornia akool*	R	东			LC	LC	√
32．红胸田鸡 *Zapornia fusca*	S	广			LC	NT	√
33．白胸苦恶鸟 *Amaurornis phoenicurus*	S	东			LC	LC	√
34．黑水鸡 *Gallinula chloropus*	R	广			LC	LC	√
35．白骨顶 *Fulica atra*	W				LC	LC	√
八、鸻形目 CHARADRIIFORMES							
（九）反嘴鹬科 Recurvirostridae							

（续表）

目—科—种	居留型	区系	国家保护级别	CITES附录	IUCN濒危等级	生物多样性红色名录等级	“三有”物种
36．黑翅长脚鹬 *Himantopus himantopus*	P				LC	LC	√
（十）鸻科 Charadriidae							
37．凤头麦鸡 *Vanellus vanellus*	W				NT	LC	√
38．灰头麦鸡 *Vanellus cinereus*	S	古			LC	LC	√
39．金鸻 *Pluvialis fulva*	P				LC	LC	√
40．长嘴剑鸻 *Charadrius placidus*	P				LC	LC	√
41．金眶鸻 *Charadrius dubius*	S	广			LC	LC	√
（十一）彩鹬科 Rostratulidae							
42．彩鹬 *Rostratula benghalensis*	R	广			LC	LC	√
（十二）水雉科 Jacanidae							
43．水雉 *Hydrophasianus chirurgus*	S	东	二级		LC	NT	√
（十三）鹬科 Scolopacidae							
44．丘鹬 *Scolopax rusticola*	W				LC	LC	√
45．扇尾沙锥 *Gallinago gallinago*	W				LC	LC	√
46．青脚鹬 *Tringa nebularia*	W				LC	LC	√
47．白腰草鹬 *Tringa ochropus*	W				LC	LC	√
48．林鹬 *Tringa glareola*	P				LC	LC	√
49．矶鹬 *Actitis hypoleucos*	W				LC	LC	√
（十四）鸥科 Laridae							
50．红嘴鸥 *Chroicocephalus ridibundus*	W				LC	LC	√
51．灰翅浮鸥 *Chlidonias hybrida*	P				LC	LC	√
52．白翅浮鸥 *Chlidonias leucopterus*	V				LC	LC	√
九、鹳形目 **CICONIIFORMES**							
（十五）鹳科 Ciconiidae							
53．钳嘴鹳 *Anastomus oscitans*	V				LC	LC	

（续表）

目一科一种	居留型	区系	国家保护级别	CITES附录	IUCN濒危等级	生物多样性红色名录等级	“三有”物种
十、鲣鸟目 SULIFORMES							
（十六）鸬鹚科 Phalacrocoracidae							
54．普通鸬鹚 *Phalacrocorax carbo*	W				LC	LC	√
十一、鹈形目 PELECANIFORMES							
（十七）鹮科 Threskiornithidae							
55．彩鹮 *Plegadis falcinellus*	P		一级		LC	DD	
（十八）鹭科 Ardeidae							
56．大麻鳽 *Botaurus stellaris*	W				LC	LC	√
57．黄斑苇鳽 *Ixobrychus sinensis*	S	广			LC	LC	√
58．栗苇鳽 *Ixobrychus cinnamomeus*	S	广			LC	LC	√
59．夜鹭 *Nycticorax nycticorax*	R	广			LC	LC	√
60．绿鹭 *Butorides striata*	R	广			LC	LC	√
61．池鹭 *Ardeola bacchus*	R	广			LC	LC	√
62．牛背鹭 *Bubulcus ibis*	R	东			LC	LC	√
63．苍鹭 *Ardea cinerea*	R	广			LC	LC	√
64．草鹭 *Ardea purpurea*	S	广			LC	LC	√
65．大白鹭 *Ardea alba*	P				LC	LC	√
66．中白鹭 *Ardea intermedia*	S	东			LC	LC	√
67．白鹭 *Egretta garzetta*	R	东			LC	LC	√
十二、鹰形目 ACCIPITRIFORMES							
（十九）鹰科 Accipitridae							
68．凤头蜂鹰 *Pernis ptilorhynchus*	P		二级	附录Ⅱ	LC	NT	
69．黑冠鹃隼 *Aviceda leuphotes*	R	东	二级	附录Ⅱ	LC	LC	
70．凤头鹰 *Accipiter trivirgatus*	R	东	二级	附录Ⅱ	LC	NT	
71．松雀鹰 *Accipiter virgatus*	R	广	二级	附录Ⅱ	LC	LC	
72．雀鹰 *Accipiter nisus*	R	广	二级	附录Ⅱ	LC	LC	

（续表）

目—科—种	居留型	区系	国家保护级别	CITES附录	IUCN濒危等级	生物多样性红色名录等级	"三有"物种
73．白尾鹞 *Circus cyaneus*	W		二级	附录Ⅱ	LC	NT	
74．黑鸢 *Milvus migrans*	R	广	二级	附录Ⅱ	LC	LC	
75．灰脸𫛭鹰 *Butastur indicus*	W		二级	附录Ⅱ	LC	NT	
76．普通𫛭 *Buteo japonicus*	W		二级	附录Ⅱ	LC	LC	
十三、鸮形目 STRIGIFORMES							
（二十）鸱鸮科 Strigidae							
77．领角鸮 *Otus lettia*	R	广	二级	附录Ⅱ	LC	LC	
78．灰林鸮 *Strix aluco*	R	广	二级	附录Ⅱ	LC	NT	
79．斑头鸺鹠 *Glaucidium cuculoides*	R	东	二级	附录Ⅱ	LC	LC	
80．短耳鸮 *Asio flammeus*	W		二级	附录Ⅱ	LC	NT	
十四、犀鸟目 BUCEROTIFORMES							
（二十一）戴胜科 Upupidae							
81．戴胜 *Upupa epops*	W				LC	LC	√
十五、佛法僧目 CORACIIFORMES							
（二十二）翠鸟科 Alcedinidae							
82．白胸翡翠 *Halcyon smyrnensis*	R	东	二级		LC	LC	
83．蓝翡翠 *Halcyon pileata*	S	广			LC	LC	√
84．普通翠鸟 *Alcedo atthis*	R	广			LC	LC	√
十六、啄木鸟目 PICIFORMES							
（二十三）拟啄木鸟科 Capitonidae							
85．大拟啄木鸟 *Psilopogon virens*	R	东			LC	LC	√
86．黑眉拟啄木鸟 *Psilopogon faber*	R	东			LC	LC	√
（二十四）啄木鸟科 Picidae							
87．蚁䴕 *Jynx torquilla*	W				LC	LC	√
88．斑姬啄木鸟 *Picumnus innominatus*	R	东			LC	LC	√
89．棕腹啄木鸟 *Dendrocopos hyperythrus*	P				LC	LC	√

（续表）

目—科—种	居留型	区系	国家保护级别	CITES附录	IUCN濒危等级	生物多样性红色名录等级	“三有”物种
90．星头啄木鸟 *Dendrocopos canicapillus*	R	广			LC	LC	√
91．大斑啄木鸟 *Dendrocopos major*	R	广			LC	LC	√
92．灰头绿啄木鸟 *Picus canus*	R	广			LC	LC	√
十七、隼形目 FALCONIFORMES							
（二十五）隼科 Falconidae							
93．红隼 *Falco tinnunculus*	R	广	二级	附录II	LC	LC	
94．红脚隼 *Falco amurensis*	W		二级	附录II	LC	NT	
95．燕隼 *Falco subbuteo*	S	广	二级	附录II	LC	LC	
96．游隼 *Falco peregrinus*	W		二级	附录I	LC	NT	
十八、雀形目 PASSERIFORMES							
（二十六）黄鹂科 Oriolidae							
97．黑枕黄鹂 *Oriolus chinensis*	S	广			LC	LC	√
（二十七）山椒鸟科 Campephagidae							
98．暗灰鹃鵙 *Lalage melaschistos*	S	东			LC	LC	√
99．粉红山椒鸟 *Pericrocotus roseus*	S	东			LC	LC	√
100．小灰山椒鸟 *Pericrocotus cantonensis*	S	东			LC	LC	√
101．灰山椒鸟 *Pericrocotus divaricatus*	P				LC	LC	√
102．短嘴山椒鸟 *Pericrocotus brevirostris*	S	东			LC	LC	√
（二十八）卷尾科 Dicruridae							
103．黑卷尾 *Dicrurus macrocercus*	S	广			LC	LC	√
104．灰卷尾 *Dicrurus leucophaeus*	S	广			LC	LC	√
105．发冠卷尾 *Dicrurus hottentottus*	S	广			LC	LC	√
（二十九）王鹟科 Monarchidae							
106．寿带 *Terpsiphone incei*	S	广			LC	NT	√
（三十）伯劳科 Laniidae							
107．虎纹伯劳 *Lanius tigrinus*	R	广			LC	LC	√

（续表）

目一科一种	居留型	区系	国家保护级别	CITES附录	IUCN濒危等级	生物多样性红色名录等级	“三有”物种
108．红尾伯劳 *Lanius cristatus*	P				LC	LC	√
109．棕背伯劳 *Lanius schach*	R	东			LC	LC	√
（三十一）鸦科 Corvidae							
110．松鸦 *Garrulus glandarius*	R	广			LC	LC	
111．灰喜鹊 *Cyanopica cyanus*	R	古			LC	LC	√
112．红嘴蓝鹊 *Urocissa erythroryncha*	R	东			LC	LC	√
113．喜鹊 *Pica pica*	R	广			LC	LC	√
（三十二）玉鹟科 Stenostiridae							
114．方尾鹟 *Culicicapa ceylonensis*	S	东			LC	LC	
（三十三）山雀科 Paridae							
115．黄腹山雀 *Pardaliparus venustulus**	R	广			LC	LC	√
116．大山雀 *Parus cinereus*	R	广			LC	LC	√
117．绿背山雀 *Parus monticolus*	R	东			LC	LC	√
（三十四）百灵科 Alaudidae							
118．小云雀 *Alauda gulgula*	R	东			LC	LC	√
（三十五）扇尾莺科 Cisticolidae							
119．棕扇尾莺 *Cisticola juncidis*	R	东			LC	LC	
120．山鹪莺 *Prinia crinigera*	R	东			LC	LC	
121．纯色山鹪莺 *Prinia inornata*	R	东			LC	LC	
（三十六）苇莺科 Acrocephalidae							
122．东方大苇莺 *Acrocephalus orientalis*	S	东			LC	LC	
（三十七）燕科 Hirundinidae							
123．家燕 *Hirundo rustica*	S	广			LC	LC	√
124．烟腹毛脚燕 *Delichon dasypus*	S	广			LC	LC	√
125．金腰燕 *Cecropis daurica*	S	广			LC	LC	√
（三十八）鹎科 Pycnonotidae							

（续表）

目—科—种	居留型	区系	国家保护级别	CITES附录	IUCN濒危等级	生物多样性红色名录等级	“三有”物种
126．领雀嘴鹎 *Spizixos semitorques*	R	东			LC	LC	√
127．黄臀鹎 *Pycnonotus xanthorrhous*	R	东			LC	LC	√
128．白头鹎 *Pycnonotus sinensis*	R	广			LC	LC	√
129．绿翅短脚鹎 *Ixos mcclellandii*	R	东			LC	LC	
130．栗背短脚鹎 *Hemixos castanonotus*	R	东			LC	LC	
（三十九）柳莺科 Phylloscopidae							
131．褐柳莺 *Phylloscopus fuscatus*	W				LC	LC	√
132．棕腹柳莺 *Phylloscopus subaffinis*	S	东			LC	LC	√
133．黄腰柳莺 *Phylloscopus proregulus*	W				LC	LC	√
134．黄眉柳莺 *Phylloscopus inornatus*	P				LC	LC	√
135．极北柳莺 *Phylloscopus borealis*	P				LC	LC	√
136．冠纹柳莺 *Phylloscopus claudiae*	W				LC	LC	√
137．比氏鹟莺 *Seicercus valentini*	S	东			LC	LC	
138．栗头鹟莺 *Seicercus castaniceps*	W				LC	LC	
（四十）树莺科 Cettiidae							
139．棕脸鹟莺 *Abroscopus albogularis*	R	东			LC	LC	
140．远东树莺 *Horornis canturians*	W				LC	LC	
141．强脚树莺 *Horornis fortipes*	R	东			LC	LC	
（四十一）长尾山雀科 Aegithalidae							
142．红头长尾山雀 *Aegithalos concinnus*	R	东			LC	LC	√
（四十二）莺鹛科 Sylviidae							
143．棕头鸦雀 *Sinosuthora webbiana*	R	东			LC	LC	
144．灰喉鸦雀 *Sinosuthora alphonsiana*	R	东			LC	LC	
145．灰头鸦雀 *Psittiparus gularis*	R	东			LC	LC	√
146．点胸鸦雀 *Paradoxornis guttaticollis*	R	东			LC	LC	√
（四十三）绣眼鸟科 Zosteropidae							

（续表）

目—科—种	居留型	区系	国家保护级别	CITES附录	IUCN濒危等级	生物多样性红色名录等级	“三有”物种
147．栗耳凤鹛 *Yuhina castaniceps*	R	东			LC	LC	
148．白领凤鹛 *Yuhina diademata*	R	东			LC	LC	
149．红胁绣眼鸟 *Zosterops erythropleurus*	S	古	二级		LC	LC	√
150．暗绿绣眼鸟 *Zosterops japonicus*	R	东			LC	LC	√
151．灰腹绣眼鸟 *Zosterops palpebrosus*	R	东			LC	LC	√
（四十四）林鹛科 Timaliidae							
152．斑胸钩嘴鹛 *Erythrogenys gravivox*	R	东			LC	LC	
153．棕颈钩嘴鹛 *Pomatorhinus ruficollis*	R	东			LC	LC	
154．红头穗鹛 *Cyanoderma ruficeps*	R	东			LC	LC	
（四十五）幽鹛科 Pellorneidae							
155．褐胁雀鹛 *Schoeniparus dubius*	R	东			LC	LC	
156．灰眶雀鹛 *Alcippe morrisonia*	R	东			LC	LC	
（四十六）噪鹛科 Leiothrichidae							
157．矛纹草鹛 *Babax lanceolatus*	R	东			LC	LC	√
158．画眉 *Garrulax canorus*	R	东	二级	附录II	LC	NT	√
159．棕噪鹛 *Garrulax berthemyi**	R	东	二级		LC	LC	√
160．白颊噪鹛 *Garrulax sannio*	R	东			LC	LC	√
161．蓝翅希鹛 *Siva cyanouroptera*	R	东			LC	LC	
162．红嘴相思鸟 *Leiothrix lutea*	R	东	二级	附录II	LC	LC	√
（四十七）河乌科 Cinclidae							
163．褐河乌 *Cinclus pallasii*	R	广			LC	LC	
（四十八）椋鸟科 Sturnidae							
164．八哥 *Acridotheres cristatellus*	R	东			LC	LC	√
165．丝光椋鸟 *Spodiopsar sericeus*	R	东			LC	LC	√
166．灰椋鸟 *Spodiopsar cineraceus*	W				LC	LC	√
167．黑领椋鸟 *Gracupica nigricollis*	R	东			LC	LC	√

（续表）

目—科—种	居留型	区系	国家保护级别	CITES附录	IUCN濒危等级	生物多样性红色名录等级	“三有”物种
168．紫翅椋鸟 *Sturnus vulgaris*	P				LC	LC	√
（四十九）鸫科 Turdidae							
169．橙头地鸫 *Geokichla citrina*	P				LC	LC	
170．虎斑地鸫 *Zoothera aurea*	P				LC	LC	√
171．灰背鸫 *Turdus hortulorum*	W				LC	LC	√
172．黑胸鸫 *Turdus dissimilis*	R	东			LC	LC	√
173．乌灰鸫 *Turdus cardis*	P				LC	LC	√
174．灰翅鸫 *Turdus boulboul*	S	东			LC	LC	
175．乌鸫 *Turdus mandarinus**	R	广			LC	LC	
176．斑鸫 *Turdus eunomus*	P				LC	LC	√
177．宝兴歌鸫 *Turdus mupinensis**	R	东			LC	LC	√
（五十）鹟科 Muscicapidae							
178．蓝歌鸲 *Larvivora cyane*	P				LC	LC	√
179．红喉歌鸲 *Calliope calliope*	S	广	二级		LC	LC	√
180．红胁蓝尾鸲 *Tarsiger cyanurus*	W				LC	LC	√
181．鹊鸲 *Copsychus saularis*	R	东			LC	LC	√
182．北红尾鸲 *Phoenicurus auroreus*	R	广			LC	LC	√
183．红尾水鸲 *Rhyacornis fuliginosa*	R	广			LC	LC	
184．白顶溪鸲 *Chaimarrornis leucocephalus*	R	东			LC	LC	
185．紫啸鸫 *Myophonus caeruleus*	R	东			LC	LC	
186．白额燕尾 *Enicurus leschenaulti*	R	东			LC	LC	
187．黑喉石䳭 *Saxicola maurus*	R	广			LC	LC	√
188．灰林䳭 *Saxicola ferreus*	R	东			LC	LC	
189．北灰鹟 *Muscicapa dauurica*	P				LC	LC	√
190．棕尾褐鹟 *Muscicapa ferruginea*	P				LC	LC	
191．白眉姬鹟 *Ficedula zanthopygia*	S	广			LC	LC	√

（续表）

目—科—种	居留型	区系	国家保护级别	CITES附录	IUCN濒危等级	生物多样性红色名录等级	“三有”物种
192．鸲姬鹟 *Ficedula mugimaki*	P				LC	LC	√
193．红喉姬鹟 *Ficedula albicilla*	P				LC	LC	√
194．棕胸蓝姬鹟 *Ficedula hyperythra*	S	东			LC	LC	
195．铜蓝鹟 *Eumyias thalassinus*	S	东			LC	LC	
196．白喉林鹟 *Cyornis brunneatus*	S	东	二级		VU	VU	√
197．山蓝仙鹟 *Cyornis banyumas*	S	东			LC	LC	
（五十一）叶鹎科 Chloropseidae							
198．橙腹叶鹎 *Chloropsis hardwickii*	R	东			LC	LC	√
（五十二）花蜜鸟科 Nectariniidae							
199．蓝喉太阳鸟 *Aethopyga gouldiae*	R	东			LC	LC	√
200．叉尾太阳鸟 *Aethopyga christinae*	R	东			LC	LC	√
（五十三）梅花雀科 Estrildidae							
201．白腰文鸟 *Lonchura striata*	R	东			LC	LC	
202．斑文鸟 *Lonchura punctulata*	R	东			LC	LC	
（五十四）雀科 Passeridae							
203．山麻雀 *Passer cinnamomeus*	R	广			LC	LC	√
204．麻雀 *Passer montanus*	R	广			LC	LC	√
（五十五）鹡鸰科 Motacillidae							
205．山鹡鸰 *Dendronanthus indicus*	S	广			LC	LC	√
206．黄鹡鸰 *Motacilla tschutschensis*	P				LC	LC	√
207．黄头鹡鸰 *Motacilla citreola*	W				LC	LC	√
208．灰鹡鸰 *Motacilla cinerea*	W				LC	LC	√
209．白鹡鸰 *Motacilla alba*	R	广			LC	LC	√
210．田鹨 *Anthus richardi*	P				LC	LC	√
211．树鹨 *Anthus hodgsoni*	W				LC	LC	√
212．粉红胸鹨 *Anthus roseatus*	R	广			LC	LC	√

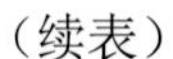

（续表）

目—科—种	居留型	区系	国家保护级别	CITES附录	IUCN濒危等级	生物多样性红色名录等级	“三有”物种
（五十六）燕雀科 Fringillidae							
213．燕雀 *Fringilla montifringilla*	W				LC	LC	√
214．黑尾蜡嘴雀 *Eophona migratoria*	S	古			LC	LC	√
215．普通朱雀 *Carpodacus erythrinus*	W				LC	LC	√
216．金翅雀 *Chloris sinica*	R	广			LC	LC	√
（五十七）鹀科 Emberizidae							
217．蓝鹀 *Emberiza siemsseni*	W		二级		LC	LC	√
218．灰眉岩鹀 *Emberiza godlewskii*	R	广			LC	LC	√
219．三道眉草鹀 *Emberiza cioides*	R	广			LC	LC	√
220．栗耳鹀 *Emberiza fucata*	W				LC	LC	√
221．小鹀 *Emberiza pusilla*	W				LC	LC	√
222．黄喉鹀 *Emberiza elegans*	R	广			LC	LC	√
223．灰头鹀 *Emberiza spodocephala*	W				LC	LC	√

注：*—中国特有种；居留型：R—留鸟，S—夏候鸟，W—冬候鸟，P—旅鸟，V—迷鸟；区系：东—东洋界，古—古北界，广—广布种；国家保护级别：一级—国家一级保护，二级—国家二级保护；CITES附录：濒危野生动植物种国际贸易公约附录I/II；IUCN濒危等级：IUCN红色名录等级，VU—易危，NT—近危，LC—无危，DD—数据缺乏；生物多样性红色名录等级—《中国生物多样性红色名录——脊椎动物卷》濒危等级；“三有”物种—列入《国家保护的有益的或者有重要经济、科学研究价值的陆生野生动物名录》的物种。

三、阿哈湖主要鸟点

（一）南郊

南郊，即湿地公园合理利用区的原南郊公园，该鸟点位于贵阳市南明区太慈社区车水路，主要生境类型为林地，包括乔木林、灌木林及部分建筑区。鸟类物种最丰富的季节是繁殖期，以林鸟为主。在该鸟点可以观察到的鸟类以雀形目为主，如山椒鸟科的粉红山椒鸟、鸫科的乌鸫和黑胸鸫、鸦科的喜鹊和红嘴蓝鹊、鹟科的山蓝仙鹟等。此外，鸽形目、鹃形目、啄木鸟目的部分鸟类也有分布。

（二）小车河

该鸟点位于阿哈湖湿地公园下游的小车河段，属合理利用区，包括小车河河流主体及沿岸林地，生境类型为河流、疏林。在该鸟点可以近距离观察到小䴙䴘、黑水鸡、白鹭、夜鹭等水鸟，如果足够细心，还能观察到黑水鸡和小䴙䴘在繁殖期营巢和育雏的场景。河岸疏林中也有种类丰富的鸟类。该鸟点是开展鸟类科普活动或亲子观鸟的最佳地点。

图2　南郊

图3　小车河

（三）小微湿地

该鸟点位于湿地公园合理利用区的小车河中游，是由原稻田湿地升级改造后形成的梯级浅水草甸湿地，面积约1.93公顷，封闭管理。该鸟点面积不大，却拥有较高的生境异质性，水生植物种类丰富，能为鸟类提供良好的生存资源。四季皆可观鸟，在该鸟点可以观察到白鹭、池鹭、夜鹭、白胸苦恶鸟等水鸟，也能观察到白腰文鸟、白鹡鸰、红尾水鸲、普通翠鸟等林鸟或伴水而居的小鸟。

图4　小微湿地

图5　金山湿地

（四）金山湿地

该鸟点位于贵阳市花溪区金山村村委会西北向，属于公园湿地保育区，主要生境类型为沼泽湿地、浅水、草甸、耕地及疏林。鸟类最丰富的季节是冬季，是阿哈湖水鸟的主要分布点，主要鸟类黑水鸡、骨顶鸡、小䴙䴘、苍鹭、白鹭、中白鹭、赤膀鸭、绿翅鸭等，也有部分旅鸟在此停歇，如彩鹮、栗树鸭、翘鼻麻鸭等。总之，该鸟点是最容易发现“惊喜”的地方。

（五）凯龙寨林区

该鸟点位于贵阳市经开区杜家坝，属于公园保育区，主要生境类型为林地，以常绿阔叶林和针阔混交林为主，植被覆盖度高、人为干扰较低。在该鸟点可以观察到各种森林专性鸟类，如红腹锦鸡、虎斑地鸫、橙头地鸫、棕噪鹛、蓝歌鸲、红喉歌鸲等。鉴于该鸟点距离城区稍远，适于有准备的全天观测。

图6　凯龙寨林区

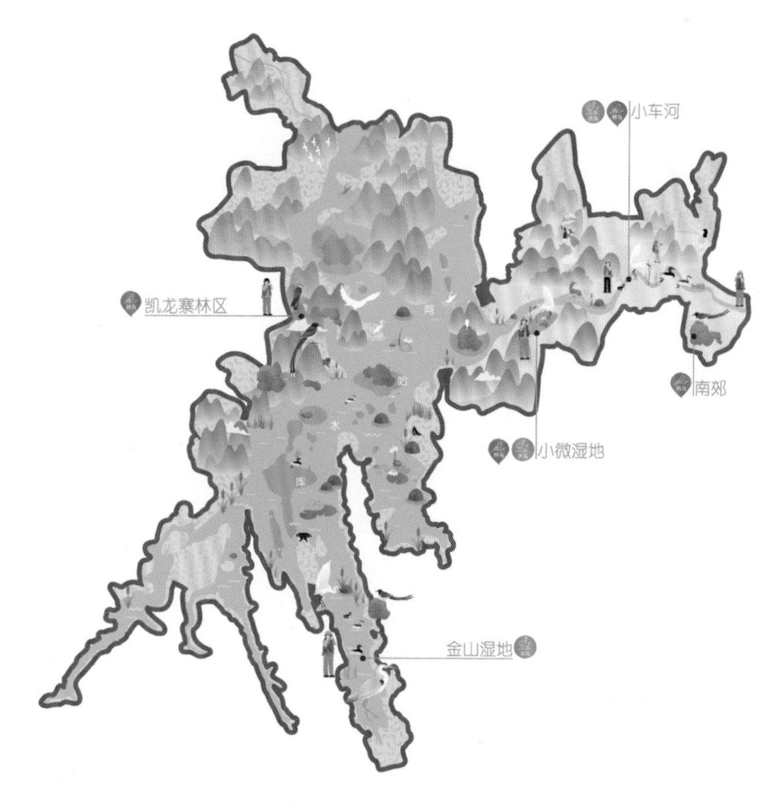

图7　阿哈湖主要鸟点分布示意图

鸟类野外识别

鸟类的野外辨识是从事鸟类研究、鸟类保护管理或开展鸟类科普宣教的基础，具体是指在野外根据鸟类的形态、大小、羽色、鸣声、行为，以及栖息生境和分布区域等，综合判断并确认鸟类的种类和类群，甚至年龄和性别等特征。基于郑光美院士的《鸟类学（第2版）》，将鸟类野外识别要点总结如下：

一、根据形态特征辨识

鸟类的形态特征包括大小、体形、嘴形、后肢形态、翼型、尾型、羽色等，在野外观察时，由于受时间、距离和环境条件等限制，迅速抓住鸟类的形态特征至关重要。

（一）身体大小和外形

当多种鸟类在一起时，比较容易对比大小，而当只有一种鸟类单独出现时，可以将它与熟悉的鸟类作比较，如麻雀、燕子。在初学者眼中，鸟类的外形看似都一样，但只要仔细观察就会发现，不同类群的外形不尽相同，如雉类与雁鸭类的体形具有明显差异。

（二）喙的形态

鸟类喙的形态与其食物类型、取食方式密切相关，在长短、粗细、尖锐度、曲度等方面都有体现了不同程度的差异（如图8）。如鹭类取食水中的鱼虾，喙长而尖，鸭类滤食浮游生物，喙扁而平，啄木鸟啄食树皮中的害虫，喙强直如凿子，太阳鸟探食花蜜，喙长而弯曲。

（三）后肢形态

由于对栖息环境适应，鸟类的后肢也演化出不同的形态（如图9）。涉禽类（如鹭类、鹬类）后肢修长，便于涉水；游禽类（如雁鸭）脚短，指间具蹼，利于游水；攀禽类（如啄木鸟）脚短，脚趾两前两后或外侧前趾基部并连，便于攀援；猛禽类（如鹰）后肢强劲有力，趾带锐利钩爪，便于抓握、捕捉和撕裂。

（四）翼型和尾型

鸟类的翼型可分为：椭圆型翼，如鸡形目、鸽形目、啄木鸟目等攀禽及大部分雀形目鸟类；较狭长型翼，如隼、雨燕等；极狭长型翼，如信天翁等海鸟；长而宽阔型，如雕等大型猛禽（如图10）。尾型可分为平尾（如鹭）、圆尾（如八哥）、凸尾（如伯劳）、楔尾（如啄木鸟）、尖尾（如针尾鸭）、凹尾（如小白腰雨燕）、叉尾（如卷尾）、铗尾（如燕鸥）等（如图11）。

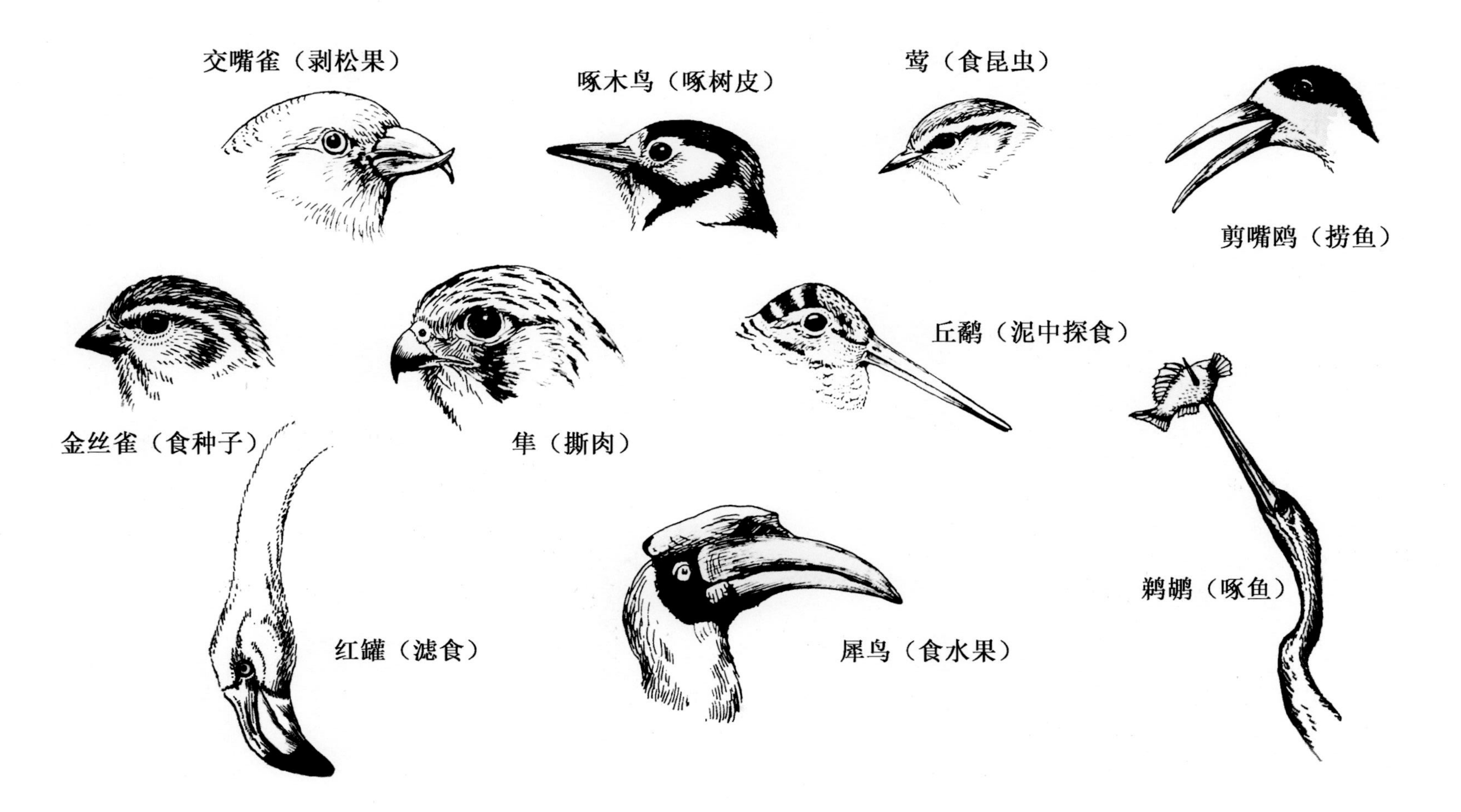

图8　鸟喙的各种形态（引自郑光美，2017）

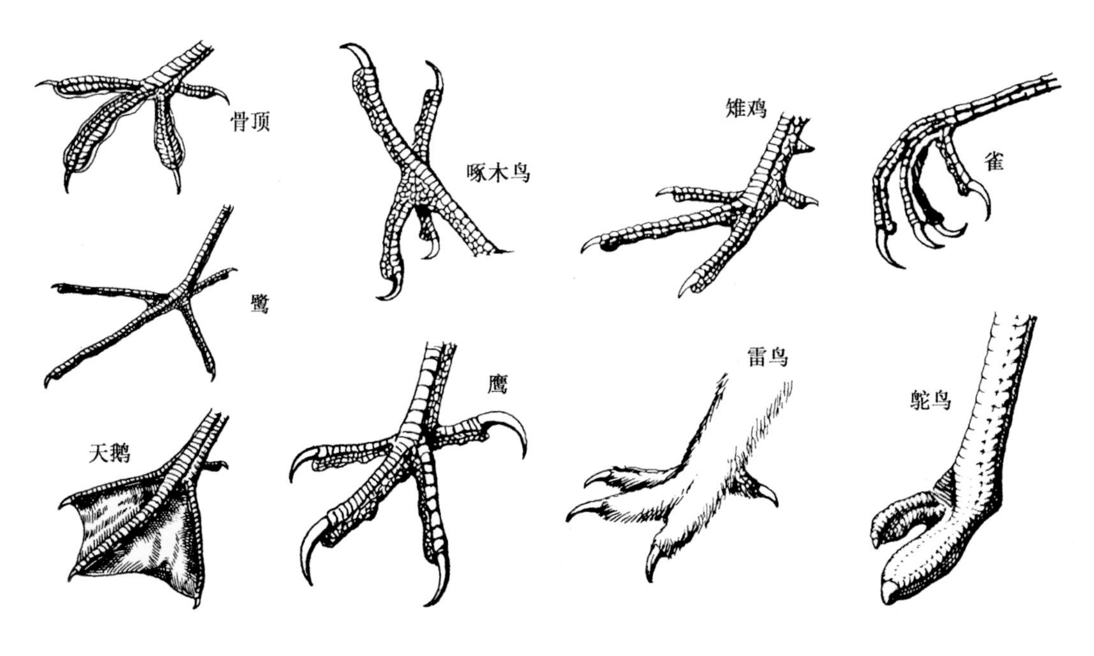

图9 鸟类的足和爪的类型（引自郑光美，2017）

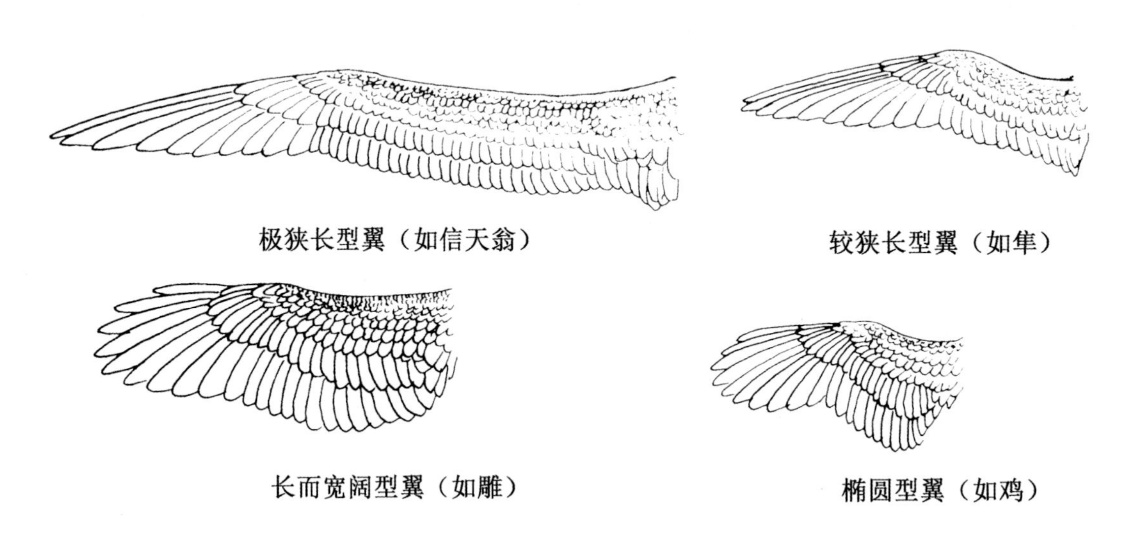

图10 鸟类翼型（引自Wilson，1980）

（五）羽色

鸟类全身羽毛的颜色构成了羽色，有些鸟类的羽色比较单一，有些则较为复杂。鸟类羽色也是野外识别的重要特征，想要快速准确地描述鸟类羽色，就需要了解鸟类的体羽分区图（如图12、13）。鸟类羽色变化丰富多彩，也有的种类羽色十分接近，这就需要多看多比，或者借助其他方面的特征进行辨识。

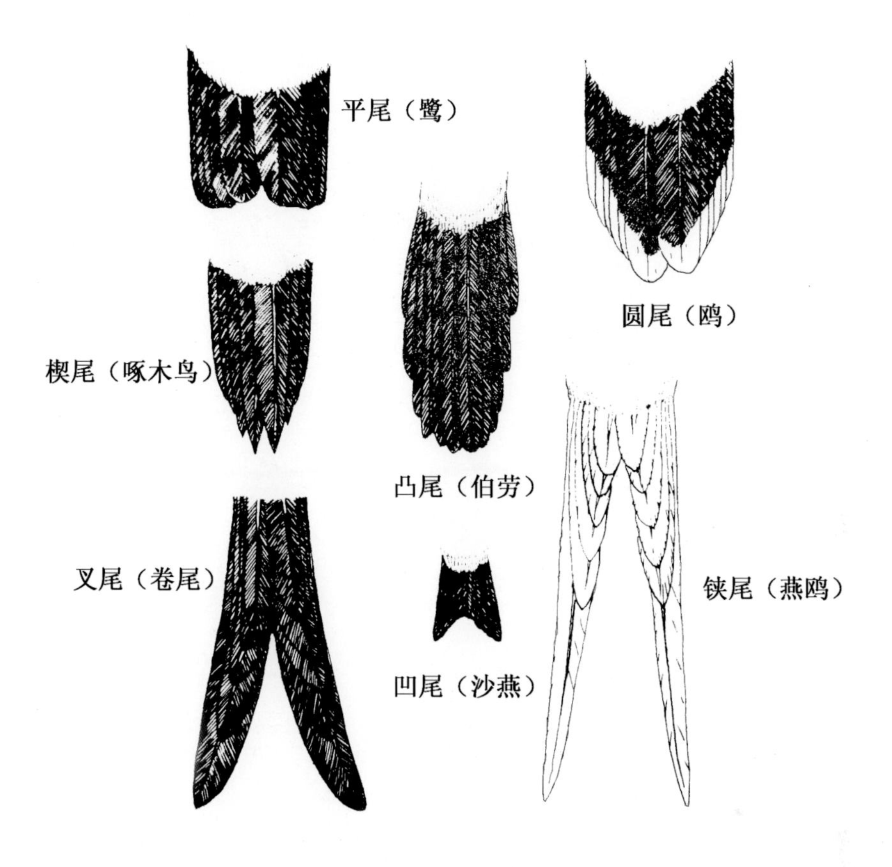

图11　鸟类尾型（引自郑作新，1966）

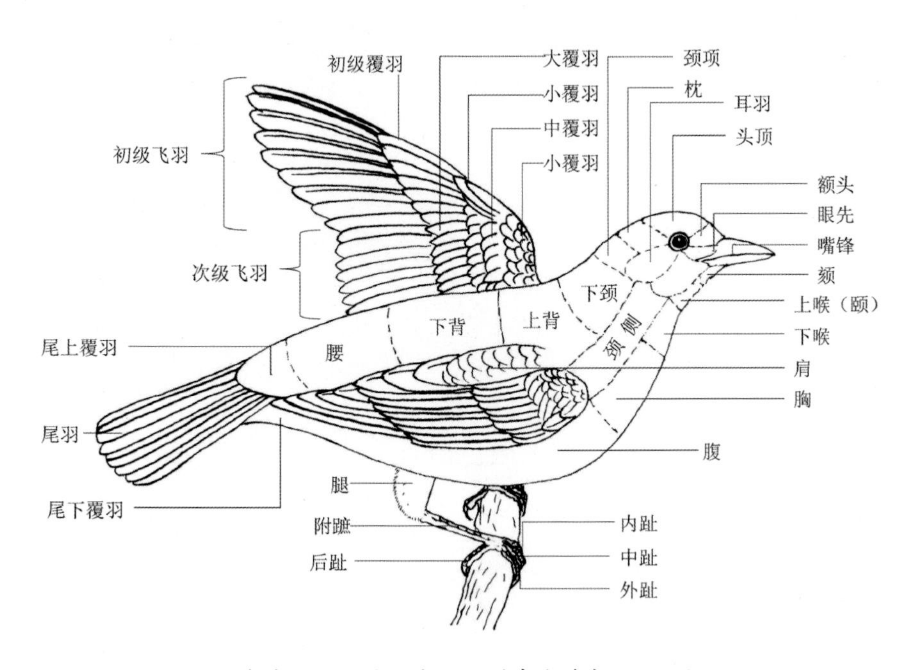

图12　鸟类飞羽及体羽分区（引自郑作新，1982）

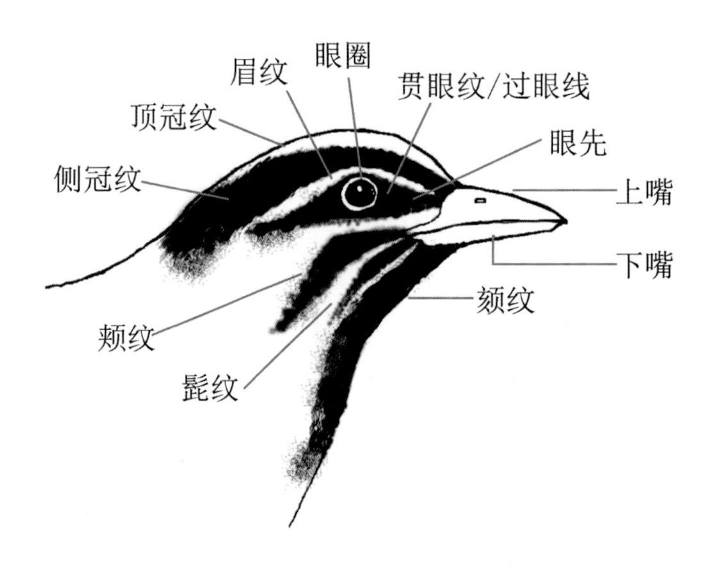

图13　鸟类头部体羽分区

（六）其他形态特征

部分鸟类还具有一些特别的形态特征可供辨识，如白鹭繁殖期头部的丝状饰羽、戴胜的耸立型丝状冠羽（如图14）。

图14　白鹭头部的丝状饰羽（左）与戴胜的冠羽（右）

（七）种内形态差异

同一种鸟类的形态特征也并非恒定不变，存在性别、亚种、季节、年龄和色型的变化。首先，许多鸟类存在雌雄形态差异，如红腹锦鸡（如图15）。其次，许多鸟类亚种之间存在羽色的差异，如环颈雉的不同亚种间白色颈环大小的差异。最后，许多鸟类还存在冬羽和夏羽的差异，一般夏羽较艳丽（如池鹭）（如图16），或有特别的饰羽（如小白鹭）。此外，有些鸟类的不同年龄个体也存在形态差异，一般来说，这些鸟类存在

图15　红腹锦鸡雄鸟（左）与雌鸟（右）

图16　池鹭夏羽（左）与冬羽（右）

雌雄异型，亚成鸟的羽色接近雌鸟。极少数还有色型变化，如寿带（如图17）。还有部分鸟类的新羽和旧羽之间也存在色泽的差异。

图17　白色型（左）与棕色型（右）寿带

二、根据行为特征辨识

鸟类一般都具有特定的行为特征，这也是鸟类野外识别的重要辅助手段。

（一）停栖行为

不同鸟类在停栖位置、姿态和动作等方面不尽相同，如夜鹭多蜷缩脖子单脚站立在水岸上方的树枝，啄木鸟习惯沿树干边爬边啄，鹡鸰喜欢在地面行走觅食，尾巴上下摆动（如图18）。

图18　夜鹭（左）、大斑啄木鸟（中）和白鹡鸰（右）的不同停栖行为

（二）飞行行为

鸟类的飞行行为千姿百态，差异主要体现在起飞动作、飞行中头脚和翅膀等的舒展程度、飞行中的鸣叫特征、群体行为、翅膀拍击频率、飞行路线和降落动作等（如图19）。如鸭类可以从水面直接起飞，而天鹅多数需要“助跑”一段后起飞。

图19　大白鹭（左）与凤头蜂鹰（右）的飞行姿态

（三）集群行为

集群是鸟类进化适应的重要行为之一，是否集群、集群大小、集群时间以及群体行为等有时也是鸟类野外辨识的重要参考依据。

三、根据鸣声特征辨识

鸟类鸣声具有种的特异性，这是训练“听声辨鸟”本领的基础，如果掌握了这项技能，通常可以记录到更多的鸟类。鸟类鸣声是个体信息交流的重要手段，可分为鸣叫（call）和鸣唱（song）两大类。鸣叫声通常比较简单，多在非繁殖季，一般出于警报、领域防御、惊恐或兴奋等；鸣唱则相对复杂多变，一般在繁殖季，出于求偶炫耀，吸引异性。一般来说，只有雀形目鸟类（鸣禽）善于鸣唱，其他鸟类仅限于鸣叫。部分鸟类在不同情境下鸣叫声不同。不同鸟类鸣声差异较大，多数具有可辨识性。一般来说，鸟类鸣声可分为：婉转多变型（如画眉）、单音节或多音节重复型（如纯色山鹪莺、灰胸竹鸡）、响亮哨声型（如强脚树莺）、尖细颤音型（如棕脸鹟莺）、单调粗厉型（如雉鸡）。

鸟类鸣声听过一次并不一定能记住，需要重复多听。在野外可以尽量录下鸟类鸣声，既可以作为物种鉴别的依据，也可以反复回放，加深印象。此外，也可以在网络下载鸣声素材，反复听。

观鸟须知

一、观鸟所需工具

（一）望远镜

分为双筒望远镜和单筒望远镜，双筒望远镜一般选择7～15倍，单筒望远镜选择20～60倍，一般需要搭配脚架使用。

（二）鸟类图鉴

鸟类图鉴可以帮助你对照和辨识所观察到的鸟类。鸟类图鉴有摄影图鉴和绘画图鉴两大类，前者在色彩上更加逼真，后者一般更加规范、全面和细致，如《中国鸟类野外手册》《中国鸟类观察手册》。

（三）其他

笔记本或笔可以用来做观察笔记，照相机可以拍照后再辨识，录音笔可以记录鸟类鸣声。

二、观鸟增效技巧

（一）了解生境特征

每种鸟类都具有特定的生活环境，如灰胸竹鸡常见于海拔1000米以下的矮树林，白鹭常见于河流、浅水沼泽、稻田等湿地。了解某种鸟类的生境喜好，有助于在野外尽快锁定它们，提高观察效率。

（二）注意分布区域

鸟类具有一定的分布区，在使用大地理范围的图鉴时，应关注在该地区、该季节分布的鸟类，当然，鸟类的分布存在动态变化，也有可能观察到该地区新记录的鸟类。

（三）参考野外种群数量

在多数图鉴上，会特别标注每种鸟类在野外的可遇见度，如“十分常见”“常见”“数量稀少”“十分罕见”等，一般来说，观察到常见或种群数量大的鸟类的可能性较大。

（四）从分类类群入手逐渐熟悉鸟类

通常来说，同一分类类群的鸟类具有相似的形态特征和生态习性。对于初学者，可以从认识大的类群入手，逐渐熟悉小的分类类群，最后掌握同一分类类群中的不同种类。

（五）熟能生巧

初学者应从周边的常见鸟入手，多看、多听、多记、多问，在野外遇到有疑问的鸟类时，不要急于判断，除非有充分的辨识依据。通过反复的训练，逐步掌握鸟类野外辨识的技巧和能力。

三、观鸟注意事项

爱护鸟类、维护鸟类生境是每一位公民的基本义务和责任，在观鸟或拍鸟时应注意奉行以下守则：

1．保持隐蔽与安静，禁止惊吓野鸟；

2．只可远观，不可近看，保持适当距离，禁止追逐和干扰鸟类正常行为；

3．不采集鸟蛋或捕捉野鸟，不近距离接触鸟类、鸟类排泄物等；

4．禁止使用不当方法引诱或迫使鸟类现身，如播放鸣声、投食、抛物或惊吓等；

5．观鸟或拍鸟者及装备应适当伪装、隐蔽，避免穿着艳丽的服装，严禁使用闪光灯；

6．如遇营巢、孵卵或育雏鸟类，非专业人士禁止拍摄，应尽快离开，避免惊扰导致亲鸟弃巢；

7．不在任何平台公布野鸟繁殖地点及图片，避免引来干扰，影响鸟类正常繁殖；

8．不在任何平台公布珍稀保护鸟类或特别鸟类图片及拍摄地点；

9．观鸟或拍鸟期间应严格保护生态环境；

10．观鸟或拍鸟期间应保证自身生命和财产安全。

部分专业术语

体长	鸟体全长，是指从喙尖至尾端的直线距离。
成鸟	发育成熟（性腺成熟）、羽色显示出种的特色和特征、具有繁殖能力的鸟。一般小型鸟出生后2年即为成鸟，大中型鸟需经3～5年后性成熟。
雏鸟	孵出后至廓羽长成之前，通常不能飞翔。
未成年鸟	除成鸟羽衣之外的所有羽色类型，包括幼鸟和亚成鸟。
幼鸟	离巢后独立生活，但未达到性成熟的鸟。
亚成鸟	比幼鸟更趋向于成熟的阶段，但未达到性成熟的鸟，有的也作幼鸟的同义词。
冬羽	于繁殖期过后所换的羽饰，也称基本羽。
夏羽	晚冬至早春期间所换的新羽，也称替换羽、婚羽或繁殖羽。
领域	鸟类为了满足其繁殖和生存的需要而占据的一定的区域。
繁殖期	配对的两只鸟，筑巢后产卵、孵化、照料雏鸟到其能独立生活的这段时期。
营巢	鸟类利用喙和脚收集巢材、开掘洞巢、摆置巢材、编织巢窝的过程，包括凿啄和装配两种基本的营巢技术。
巢材	是鸟类的筑巢材料，种类千差万别，但一般同一类群的鸟类所用的巢材具有共性。
巢寄生	是指鸟类把卵产在其他鸟类的巢中，由寄主代孵和育雏的繁殖方式，包括种间巢寄生和种内巢寄生。
种群	是自然界中种存在的基本单位，是一定空间范围内同种个体的自然组合。
留鸟	全年在该地理区域内生活，春秋不进行长距离迁徙的鸟类。

白鹭

夏候鸟	春季迁徙来此地繁殖，秋季再向越冬区南迁的鸟类。
冬候鸟	冬季来此地越冬，春季再向北方繁殖区迁徙的鸟类。
旅鸟	春秋迁徙时旅经此地，不停留或仅有短暂停留的鸟类。
迷鸟	迁徙时偏离正常路线而到此地栖息的鸟类。
雏鸟早成性	雏鸟一出壳就睁眼，全身被绒羽，离巢运动，有较好的体温调节能力，有自己啄食及选择食物的能力。
雏鸟晚成性	雏鸟出壳时眼睛闭合，全身裸露或头、肩、背、腹等部位被有稀疏的数撮绒羽，只能做伸颈、张嘴及蹬腿之类的乞食运动。
单配制	雌雄均没有机会独占多个配偶，雌雄共同承担育幼职责。
一雄多雌制	雄性个体可以控制多个配偶或可以获得与多个雌性交配的机会。
一雌多雄制	雌性个体可以控制占有多个配偶或者与多个雄性个体交配。

本书使用说明

本书共收录了阿哈湖国家湿地公园223种鸟类，按照郑光美院士的《中国鸟类分类与分布名录（第三版）》分类系统，确定各种所处的分类地位（目、科、种），并对每种鸟类的中文名、拉丁学名、英文名、别名、野外识别特征、生态习性、保护现状、居留型进行全面描述。此外，编者查阅了每种鸟类的国内外相关研究文献专著，结合科学常识，总结了每种鸟类相关的趣味科普知识，极大增强了本书的趣味性和科普性。大部分物种独立成页，对每种鸟类的认识和解读方法详见下图：

物种描述字段详解

中国特有种	仅分布于中国境内的物种
国家重点保护野生动物名录（2021年版）	国家一级：国家一级重点保护野生动物 国家二级：国家二级重点保护野生动物
IUCN 红色名录等级	EX（Extinct）：灭绝 EW（Extinct in the Wild）：野外灭绝 CR（Critically Endangered）：极危 EN（Endangered）：濒危 VU（Vulnerable）：易危 NT（Near Threatened）：近危 LC（Least Concern）：无危 DD（Data Deficient）：数据缺乏 NE（Not Evaluated）：未予评估
《中国生物多样性红色名录——脊椎动物卷》等级	EX（Extinct）：灭绝 EW（Extinct in the Wild）：野外灭绝 RE（Regional Extinct）：区域灭绝 CR（Critically Endangered）：极危 EN（Endangered）：濒危 VU（Vulnerable）：易危 NT（Near Threatened）：近危 LC（Least Concern）：无危 DD（Data Deficient）：数据缺乏
“三有”名录	国家保护的有益的或者有重要经济、科学研究价值的陆生野生动物名录
居留型	R（Resident）：留鸟 S（Summer visitor）：夏候鸟 W（Winter visitor）：冬候鸟 P（Passage migrant）：旅鸟 V（Vagrant migrant）：迷鸟
优势度	优势种：种群数量丰富，分布广，在公园范围内的多种生境中可见 常见种：种群数量较丰富，分布较广，在公园范围内的大部分生境中可见 稀有种：种群数量少，分布狭窄，仅在公园范围内少数生境中可见 罕见种：种群数量较少，分布较狭窄，仅在公园范围内的局部生境中可见
主要观察地点	南郊：南郊公园，主要生境为乔木林、灌木林及部分建筑物 小车河水域：小车河河流主体，主要生境为河流、河滩及湿草地 小车河沿岸：小车河河岸，主要生境为乔木林、灌丛、草地、建筑物、耕地等 宣教中心：主要生境为人工池塘、河流及林地等 小微湿地：小车河边的人工湿地，封闭管理，主要生境为梯田、浅水沼泽及湿草地 金山湿地：位于金山村保育区，主要生境为浅水、沼泽、湿草地、河流、疏林、耕地等 凯龙寨：凯龙寨保育区，主要生境为乔木林、灌丛及库湾 其他林区：湿地公园内的其他林地 水库支流：金钟河、游鱼河、烂泥沟河、白岩河、蔡冲河，主要生境为河流、峡谷

生僻字列表

àn	bā	bàn	bēi	bēn	pì	biāo
黯	叭	瓣	鹎	锛	䴙	镳
chàn	chī	chōng	cí	diàn	dōng	dú
颤	鸱	舂	鹚	靛	鸫	渎
dù	è	fēi	fú	gǎn	gěng	gū
蠹	颚	绯	凫	橄	梗	鸪
hú	guā	guàn	héng	hú	huái	huán
鹘	鸹	鹳	鸻	鹄	槐	鹮
huì	jī	jī	jī	jí	jí	jì
喙	矶	唧	姬	鹡	䳭	漈
jiā	jiāo	jiāo	jiào	jiū	jú	jué
葭	椒	鵁	窖	鸠	䴗	蕨
kā	kē	kuáng	lǎn	lí	lì	liáng
喀	颏	鵟	榄	鹂	栗	椋
liáo	liáo	liè	lín	líng	líng	liú
潦	鹩	䴕	麟	鸰	翎	鹠

liù	lóu	lú	lù	lù	méi	niè
鹨	蝼	鸬	鹭	麓	鹛	啮
bō	pú	pǔ	qí	jiān	qiàn	qiāo
哱	蒲	蹼	麒	𫛭	芡	跷
qú	sǎo	shāo	sī	suì	sǔn	suō
鸲	嫂	艄	鸶	穗	隼	蓑
tán	tī	tí	wēng	wú	wǔ	xī
檀	䴘	鹈	鹟	鹀	鹉	蜥
xiǎn	xiǎng	xiāo	xié	xiè	xiū	yāng
藓	饷	鸮	胁	蟹	鸺	鸯
yào	yì	yīng	yù	yuān	yuān	zhā
鹞	蜴	鹦	鹬	鸢	鸳	喳
zhě	zhè	zhì	zhuì	zī	zǐ	
赭	鹧	鸷	缀	髭	姊	

一

鸡形目

GALLIFORMES

红腹锦鸡

Chrysolophus pictus

1. 灰胸竹鸡 *Bambusicola thoracicus*

英文名：Chinese Bamboo Partridge **别名：**普通竹鸡、竹鸡、山菌子、地主婆、竹鹧鸪

R 1～12月
稀 小车河沿岸、凯龙寨、其他林区

野外识别特征 | 体长22～37厘米。整体以红棕色为主。额、眉线及颈项蓝灰色，与脸、喉及上胸的棕色成对比。两胁具心形黑斑。外侧尾羽栗色。

生态习性 | 主要栖息于低山丘陵和山脚平原地带的竹林、灌草丛、山边耕地或村寨附近。常集群活动，领域性较强。不善飞行。杂食性，主要以植物种子为食。繁殖期4～7月，营巢于灌丛、草丛或竹丛下地面凹处，内垫枯草叶。雏鸟早成性。

保护现状 | 中国特有种、IUCN-LC、红色名录-LC、“三有”

灰胸竹鸡在野外分布广，但经常只闻其声，不见其鸟，其叫声极具辨识性，闻似不断重复的“你不乖”或“你作怪”。

灰胸竹鸡©柯晓聪

2. 环颈雉 *Phasianus colchicus*

英文名：Common Pheasant **别名：**雉鸡、野鸡、山鸡、七彩山鸡

R 1～12月
稀 小车河沿岸、凯龙寨、其他林区

野外识别特征｜雄鸟体长73～87厘米，雌鸟体长57～61厘米。雄鸟羽色华丽，头部具金属绿色光泽，眼周具鲜红色裸皮，有显眼的耳羽簇，尾长而尖，棕褐色具褐色横纹。雌鸟较小且颜色暗淡，整体棕褐色密布具浅褐色斑纹。

生态习性｜主要栖息于山地、低山丘陵、农田、沼泽草地等。雄鸟单独或集小群活动，雌鸟及雏鸟偶尔与其他鸟类混群。杂食性，食物随地区和季节而不同。繁殖期3～7月，营巢于草丛、芦苇丛或灌丛中地上等，内垫枯草、树叶和羽毛即成。雏鸟早成性。

保护现状｜IUCN-LC、红色名录-LC、“三有”

环颈雉因颈部有显著的白环而得名，亚种分化较多，体羽细部差别较大，但并不是所有亚种都有“白色围脖”，如*P. c. elegans*亚种就没有[1]。

环颈雉（雄）©孟宪伟

环颈雉（亚成鸟）©张海波

环颈雉（雌）©张海波

3. 红腹锦鸡 *Chrysolophus pictus*

英文名：Golden Pheasant　**别名**：金鸡、锦鸡

野外识别特征｜雄鸟体长86～108厘米，雌鸟体长59～70厘米。雄鸟羽色华丽，头具金黄色丝状羽冠，上背金属绿色，下体绯红，尾羽长而弯曲，黄褐色，具黑色斑纹。雌鸟整体黄褐色，胸、腹及背部具深褐色带斑。

生态习性｜主要栖息于阔叶林、针阔混交林、林缘疏林、灌丛和竹丛等。春夏季单独或成对活动，秋冬季常成群活动。主要以植物性食物为食，也吃昆虫等动物性食物。繁殖期4～6月，巢简陋，仅为一椭圆形浅土坑，内垫枯草、树叶和羽毛。

保护现状｜中国特有种、国家二级、IUCN-LC、红色名录-NT

R 1～12月
稀 小车河沿岸、凯龙寨、其他林区

锦鸡舞属于芦笙舞的一种，发源于贵州省丹寨县排调镇境内。由于锦鸡帮助当地人获得小米种而顺利度过饥荒，所以就成了当地人的命运吉星。每到盛大节日，当地人都会身着锦鸡服饰，在芦笙的伴奏下模拟锦鸡的求偶步态起舞[2]。

红腹锦鸡（雌）©贵州大学生物多样性与自然保护研究中心

红腹锦鸡（雄）©贵州大学生物多样性与自然保护研究中心

红腹锦鸡（亚成鸟）©贵州大学生物多样性与自然保护研究中心

雁形目
ANSERIFORMES

鸳鸯

Aix galericulata

4. 栗树鸭 *Dendrocygna javanica*

英文名：Lesser Whistling Duck **别名：**泥鸭、啸鸭

野外识别特征 | 体长38～41厘米。头顶深褐色，头及颈皮黄色；背褐而具棕色扇贝形纹；下体浅栗色，尾下覆羽白色；飞行时可见翼上棕红色的覆羽，以及伸出尾羽的腿部。

生态习性 | 主要栖息于湖泊、沼泽、红树林及稻田等。有时能集成上千只的大群。半夜行性。主要吃稻谷、作物幼苗等植物性食物，也吃昆虫、软体动物和小鱼等动物。繁殖期5～7月，营巢于草丛、沼泽或树洞中，巢由草叶和草茎构成。

保护现状 | 国家二级、IUCN-LC、红色名录-VU、“三有”

P 12月至翌年4月
罕 金山湿地

树鸭以栖息和营巢于树上而得名，目前，栗树鸭是我国境内分布的唯一一种树鸭属鸟类，2020年4月，栗树鸭在阿哈湖湿地被发现，是该物种在贵州省分布的首次记录[3]。

栗树鸭©李毅

栗树鸭©张海波

5. 小天鹅 *Cygnus columbianus*

英文名：Tundra Swan　**别名：**短嘴天鹅、啸声天鹅、苔原天鹅、鹄

小天鹅©沈惠明

野外识别特征｜体长115～140厘米。全身雪白，嘴端黑色，嘴基黄色，但黄色不超过鼻孔且前缘不显尖长。

生态习性｜主要栖息于多水生植物的大型湖泊、库塘、河流和开阔农田。喜结群。主要以水生植物的叶、茎、根和种子为食，也吃少量动物性食物。繁殖期6～7月，营巢于湖泊和水塘之间的多草苔原地和沼泽中的小土丘上，巢呈盘状，主要由芦苇、三棱草和其他干草构成，内垫绒羽。

保护现状｜国家二级、IUCN-LC、红色名录-NT

W 10月至翌年2月

罕 金山湿地

小天鹅形体优雅，全身洁白，与大天鹅（*Cygnus cygnus*）形态相似，区分它们的方法是比较嘴基部黄色的大小，大天鹅嘴基的黄色延伸到鼻孔以下，而小天鹅黄色仅限于嘴基两侧，沿嘴缘不延伸到鼻孔以下[1]。

6．翘鼻麻鸭 *Tadorna tadorna*

英文名：Common Shelduck　**别名：**白鸭、冠鸭、掘穴鸭、潦鸭、翘鼻鸭

10月至翌年2月
罕 金山湿地

野外识别特征 | 体长52～63厘米。体羽大都为白色，头和上颈黑色，具绿色光泽；嘴向上翘，红色；繁殖期雄鸟上嘴基部有一红色瘤状物；自背至胸部有一条宽的栗色环带。肩羽和尾羽末端黑色，腹中央有一条宽的黑色纵带，其余体羽白色。

生态习性 | 在亚洲常见于半荒漠和草原地区的河流、沼泽、湖泊。喜成群活动，繁殖期成对生活。善游泳、潜水和行走。性机警。主要以动物性食物为食。繁殖期5～7月，营巢于海岸、湖边沙丘、石壁、天然洞穴或废弃洞巢。巢呈盘状，多以植物、鸟骨、鱼骨等构成，内垫大量绒羽。

保护现状 | IUCN-LC、红色名录-LC、“三有”

2021年1月13日，观鸟爱好者在阿哈湖国家湿地公园保育区（金山湿地）发现了一只翘鼻麻鸭，属贵阳市鸟类新记录[4]。

翘鼻麻鸭（左一）©张海波

7． 赤麻鸭 *Tadorna ferruginea*

英文名：Ruddy Shelduck **别名：**黄鸭、黄凫、渎凫

野外识别特征 | 体长58～70厘米。雄鸟全身橙黄色，颈部具狭窄黑色颈环，翼上具大块白色斑，翼镜铜绿色，飞羽及尾羽黑色。雌鸟似雄鸟但无黑色颈环。

生态习性 | 主要栖息于开阔草原、湖泊、农田等。以水生植物叶、芽、种子和农作物幼苗等为食，也吃昆虫、软体动物等。繁殖期成对生活，非繁殖期以家族或成群生活。繁殖期4～6月，营巢于天然洞穴或其他动物废弃洞穴中。巢由少量枯草和大量绒羽构成。

保护现状 | IUCN-LC、红色名录-LC、“三有”

赤麻鸭是目前我国境内唯一一种全身被橙黄色羽毛的野生鸭类，个体较大，俗称“大黄鸭”，在野外非常容易辨识。

W 10月至翌年2月
稀 金山湿地

赤麻鸭©柯晓聪

8．鸳鸯 *Aix galericulata*

英文名：Mandarin Duck　**别名：**官鸭、中国官鸭、匹鸟、邓木鸟

W 10月至翌年2月　罕 金山村

鸳鸯©柯晓聪

野外识别特征｜体长41～51厘米。雄鸟具白色眉纹、金色颈、背部长羽及拢翼后可直立的棕黄色帆状饰羽。雌鸟灰褐色，眼圈白色，眼后有白色眼纹，胸至两胁具暗褐色鳞状斑。

生态习性｜繁殖期栖息于多林地的河流、湖泊、沼泽和水库，非繁殖期成群活动于清澈河流与湖泊水域，常在陆上活动。主要以草叶、根等植物性食物为食，也吃蝗虫等动物性食物。繁殖期4～6月，营巢于紧靠水边老龄树的天然树洞中，距离地面10～18米。巢极简陋，除木屑外，就是雌鸟从自己身上拔下的绒羽。

保护现状｜国家二级、IUCN-LC、红色名录-NT

在传统印象里，鸳鸯一直是夫妻和睦、爱情忠贞的美好象征，而实际上，鸳鸯并不是一雄一雌制，交配产卵后，孵卵的工作全部由雌鸟完成，雄鸟会结小群活动，甚至会发生婚外情行为[5]。

鸳鸯©李毅

9． 赤膀鸭 *Mareca strepera*

英文名：Gadwall　**别名：**青边仔、潹凫

野外识别特征｜体长45～57厘米。雄鸟整体棕灰色，胸部密布黑白色鳞状细纹，翅具宽阔的棕栗色横带和黑白二色翼镜，飞翔时尤为明显。雌鸟整体浅褐色，翼镜白色，体形较小，喙侧橘黄。

生态习性｜栖息于富有水生植物的开阔水域。常成小群活动，或与其他野鸭混群。主要以水生植物为食。繁殖期5～7月，营巢于水边草丛或灌木丛中，有时也在离水域较远的地方营巢，巢隐蔽。雏鸟早成性。

保护现状｜IUCN-LC、红色名录-LC、“三有”

湿地是赤膀鸭赖以生存的环境，湿地生境质量（如重金属指标）直接影响着它们的健康，因此，重视并采取有效的管控和治理措施防止湿地环境恶化对于维护水鸟健康至关重要[6]。

赤膀鸭©柯晓聪

赤膀鸭©匡中帆

赤颈鸭©柯晓聪

10. 赤颈鸭 *Mareca penelope*

英文名：Eurasian Wigeon　**别名：**红鸭、鹤子鸭、赤颈凫、鹅子鸭、祭凫

W 观 10月至翌年2月
稀 金山湿地

野外识别特征｜体长42～50厘米。雄鸟头部、颈部栗红色，头顶带皮黄色冠羽，胁部灰色且具细密的黑色纹，尾下覆羽黑色，具大块白色翼斑，在水中时可见体侧形成的显著白斑。雌鸟整体红棕色，眼周色深，下腹白色。

生态习性｜主要栖息于富有水生植物的开阔水域。冬季常成群活动。善游泳和潜水。主要以植物性食物为食，也吃少量动物性食物。繁殖期5～7月，营巢于富有水生植物或岸边有灌木丛的小型湖泊、水塘和河边草丛或灌丛。巢极简陋，多为地上凹坑，内垫少许枯草或无内垫物。

保护现状｜IUCN-LC、红色名录-LC、“三有”

欧洲的一项研究发现，在木贼（*Equisetum hyemale* L.）（一种植物）减少的湖泊中，赤颈鸭繁殖数量持续下降，推测该现象可能与木贼栖息地的减少有关[7]。

11．斑嘴鸭 *Anas zonorhyncha*

英文名： Eastern Spot-billed Duck　**别名：** 谷鸭、对鸭、花嘴鸭、黄嘴尖鸭

野外识别特征 | 体长58～63厘米。上嘴黑色，先端黄色，脚橙黄色，脸至上颈侧、眼先、眉纹、颏及喉均为淡黄白色，与深的体色呈明显反差，翼镜绿色，具金属光泽。

生态习性 | 主要栖息于内陆湖泊、水库、江河、水塘和沼泽等。善游泳和行走。主要以水生植物为食，也吃昆虫、软体动物等。繁殖期5～7月，营巢于水岸草丛中。巢主要由草茎和草叶构成，产卵开始后亲鸟从自己身上拔下绒羽垫于巢的四周。

保护现状 | IUCN-LC、红色名录-LC、“三有”

W 10月至翌年2月　稀 金山湿地

2020年9月30日，国家林业和草原局发布的《关于规范禁食野生动物分类管理范围的通知》（林护发〔2020〕90号）明确要求，对于斑嘴鸭等45种野生动物，要积极引导有关养殖户在2020年12月底前停止养殖活动，并按有关规定完成处置工作。确需适量保留种源用于科学研究等非食用性目的的，要充分论证工作方案的可行性，并严格履行相关手续[8]。

斑嘴鸭©柯晓聪

12．绿翅鸭 *Anas crecca*

英文名：Green-winged Teal　**别名**：八鸭子、小麻鸭、小水鸭、小凫

野外识别特征｜体长34～38厘米。雄鸟头至颈红棕色，眼周至颈侧具一条带金色边缘的绿色粗眼罩，尾下两侧各有一醒目的黄色三角形斑。雌鸟整体棕褐色，头部颜色较浅并具深色贯眼纹。飞翔时，翠绿色翼镜和翼镜前后缘的白边，也非常醒目。

生态习性｜繁殖期主要栖息于开阔、水生植物茂盛且少干扰的中小型湖泊和水塘中，冬季主要栖息于开阔的水域。多集大群活动，常与其他野鸭混群。主要以植物性食物为食，也吃动物性食物。繁殖期5～7月，营巢于水岸边或附近灌草丛中。巢极隐蔽，简陋，常为一凹坑，内垫少许干草，四周围以绒羽。

保护现状｜IUCN-LC、红色名录-LC、“三有”

W 10月至翌年2月　常 金山湿地

绿翅鸭©江亚猛

绿翅鸭©陈东升

为了度过寒冷且食物短缺的冬季，绿翅鸭通过换羽来增加羽衣的隔热能力，积累脂肪以储存能量，并尽量减少活动[9]。

红头潜鸭（雌）©向定乾

13. 红头潜鸭 *Aythya ferina*

英文名：Common Pochard **别名：**红头鸭、矶凫

野外识别特征｜体长42～49厘米。雄鸭头呈红褐色，胸部、肩部及腰黑色，背及两胁显灰色。雌鸟背灰色，头、胸及尾近褐色，眼周皮黄色。

生态习性｜主要栖息于富有水生植物的开阔水域。常结小群或与其他鸭类混群活动。主要以水藻及水生植物叶、茎、根和种子为食，繁殖期也吃动物性食物。繁殖期4～6月，营巢于水边草丛中的地上，或芦苇丛中飘浮的物体上。

保护现状｜IUCN-VU、红色名录-LC、“三有”

W  10月至翌年2月 常 金山湿地

红头潜鸭（雄）©沈惠明

鸭子常给人留下憨态可掬的印象，但在斯洛伐克的一个池塘里发现红头潜鸭杀死了同类雏鸭的现象，有学者推测这种“杀婴行为”可能是为了减少池塘里雏鸭的数量，以降低被猛禽捕食的风险[10]。

14. 白眼潜鸭 *Aythya nyroca*

英文名：Ferruginous Duck　**别名：**白眼凫

野外识别特征 | 体长38～42厘米。整体深色，仅眼和尾下羽白色。雄鸟头、颈、胸及两胁浓栗色，虹膜白色。雌鸟灰褐色，眼色淡。

生态习性 | 繁殖期主要栖息于开阔而水生植物丰富的淡水湖泊、沼泽等水域，冬季多活动于水流较缓的河流、湖泊、水库等水域。常与其他潜鸭混群。潜水觅食，主要以植物性食物为食，也吃昆虫、小鱼等动物性食物。繁殖期4～6月，营巢于水边草丛中。巢由干茎叶构成，内垫大量绒羽。

保护现状 | IUCN-NT、红色名录-NT、“三有”

W 10月至翌年2月
常 金山湿地

鸟类虹膜的颜色是由色素组织和表层血管所产生，可从暗褐色到白色，虹膜颜色具有适应或选择性的特征，目前对其具体功能尚不太清楚[11]。尽管白眼潜鸭为近危物种，但每年都有一定的数量到阿哈湖湿地越冬。

白眼潜鸭©沈惠明

15. 凤头潜鸭 *Aythya fuligula*

英文名：Tufted Duck　**别名：**凤头鸭子、油鸭儿、泽凫

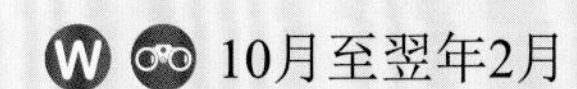
W 10月至翌年2月
常 金山湿地

野外识别特征｜体长40～47厘米。头带特长羽冠。雄鸟黑色，腹部及体侧白色。雌鸟深褐色，两胁褐色而羽冠短，有浅色脸颊斑。

生态习性｜主要栖息于湖泊、河流、水库等开阔水面。常集大群，与其他潜鸭混群。潜水觅食，主要以软体动物、鱼虾等动物性食物为食，也吃少量水生植物。繁殖期5～7月，营巢于湖边或湖心岛上的草丛或灌丛中。巢较隐蔽，通常利用自然凹坑或挖掘一个凹坑，再垫以枯草茎、叶，内垫大量绒羽。

保护现状｜IUCN-LC、红色名录-LC、“三有”

正如其英文名中的“Tufted”一词所描述的，凤头潜鸭因头顶有丛生的长形黑色冠羽而得名[12]，相比之下，雄鸟的冠羽则较长、较明显。

凤头潜鸭（雄）©孟宪伟

凤头潜鸭（雌：右一二）©韦铭

三

鸊鷉目

PODICIPEDIFORMES

小鸊鷉

Tachybaptus ruficollis

（三）
鸊鷉科 Podicipedidae

16. 小鸊鷉 *Tachybaptus ruficollis*

小鸊鷉（幼鸟）©张海波

英文名：Little Grebe **别名：**水葫芦、王八鸭子、油葫芦、小艄板儿、油鸭

野外识别特征 | 体长23～29厘米。雌雄相似，体羽存在季节差异。体型浑圆，夏羽头部黑褐色，脸部至颈部栗红色，喙基有一显眼的黄白色斑块，胸、背黑褐色。冬羽色浅，栗红色和黑褐色褪去，整体浅褐色。

生态习性 | 栖息于各种水体。繁殖期多单独活动，非繁殖期常结小群活动。善潜水觅食，主要以小鱼、虾、蝌蚪和水草等为食。繁殖期5～7月，营巢于有水生植物的湖泊、水塘、河流岸边的水草丛中。巢由水草构成，内垫苔藓或无内垫物。

保护现状 | IUCN-LC、红色名录-LC、“三有”

R 1～12月
常 小车河水域、宣教中心、金山湿地、其他水域

小鸊鷉（夏羽）©贵州大学生物多样性与自然保护研究中心

小鸊鷉（冬羽）©陈东升

小鸊鷉善潜水，当觅食或遇到惊扰时就会立即潜入水中，在水下的姿态形似鳖，故称“王八鸭子”。繁殖期喜欢在水面追逐鸣叫，上演“轻功水上漂”[12]。

鸽形目
COLUMBIFORMES

珠颈斑鸠

Streptopelia chinensis

17. 山斑鸠 *Streptopelia orientalis*

英文名： Oriental Turtle Dove　**别名：** 斑鸠、金背斑鸠、麒麟鸠、灰咕咕、山鸠

野外识别特征 | 体长30～33厘米。头、颈、上体余部及胸部粉褐色，颈侧具数道黑白相间之横斑，翼上覆羽暗褐色，具棕色羽缘，构成清晰而密集的鳞状斑。

生态习性 | 主要栖息于低山丘陵、平原山地的阔叶林、次生林、果园、农田及村寨周边林缘。常成对或小群活动。主要以果实、种子、嫩叶、幼芽等为食，也吃昆虫。繁殖期4～7月，营巢于森林中树的主干枝杈上。巢呈盘状，甚简陋，主要由细枯树枝交错堆集而成。

保护现状 | IUCN-LC、红色名录-LC、“三有”

山斑鸠©张海波

山斑鸠©张海波

R 1～12月
常 南郊、小车河沿岸、宣教中心、凯龙寨、其他林区

家鸽的祖先——原鸽（*Columba livia*）与斑鸠属于同一科（鸽形目鸠鸽科）[13]，因此，斑鸠与家鸽在体型、叫声等方面具有一定相似性，但只要仔细观察，依然能轻松辨别。

18. 火斑鸠 *Streptopelia tranquebarica*

英文名： Red Turtle Dove **别名：** 红鸠、红斑鸠、火鸟、火葫芦

野外识别特征 | 体长20～23厘米。颈部黑色半领圈前端白色。雄鸟头部偏灰，下体偏粉，翼覆羽棕黄色；初级飞羽近黑色，尾羽羽缘青灰色，外侧尾端白色。雌鸟色浅且暗，头暗棕色，体羽红色较少。

生态习性 | 主要栖息于开阔的平原、田野、村庄、果园、山麓疏林、竹林和林缘。常成对或成群活动，有时也与其他斑鸠混群。主要以植物浆果、种子和果实为食，也吃农作物种子和动物性食物。繁殖期2～8月，成对营巢于乔木上，巢呈盘状，结构简单粗糙，主要有少许枯枝交错堆积而成。

保护现状 | IUCN-LC、红色名录-LC、“三有”

R 1～12月
罕 其他林区

“伴巢行为”是指亲鸟在繁殖期间为筑巢、防御、孵卵、育雏及递食而出现在巢中或附近的所有行为。研究表明，长时间的伴巢行为是火斑鸠保证较高繁殖成效的生殖适应对策之一[14]。

火斑鸠©匡中帆

珠颈斑鸠©张海波

19. 珠颈斑鸠 *Streptopelia chinensis*

英文名：Spotted Dove　**别名：**花脖斑鸠、珍珠鸠、斑颈鸠、珠颈鸽、野鸽子、花斑鸠、灰咕咕

野外识别特征｜体长30～33厘米。整体褐色，颈部至腹部略沾粉色。颈部两侧为黑色，密布白色珍珠状点斑，幼鸟点斑不清晰或无点斑。

生态习性｜主要栖息于有稀疏树木生长的平原、草地、低山丘陵和农田地带。常结小群活动。主要以植物种子为食，也吃动物性食物。繁殖期4～11月，营巢于小树杈、矮树丛或灌丛间。巢呈平盘状，甚简陋，主要由一些细枝堆叠而成。

保护现状｜IUCN-LC、红色名录-LC、“三有”

R 1～12月
常 南郊、小车河沿岸、宣教中心、凯龙寨、其他林区

珠颈斑鸠与山斑鸠外形相似，但也容易区分。山斑鸠的颈侧是具黑白色条纹的块状斑，而珠颈斑鸠的颈侧是白色珍珠状点斑；山斑鸠上体棕色羽缘形成扇贝斑，而珠颈斑鸠上体具深色鳞状斑[12]。

五

夜鹰目

CAPRIMULGIFORMES

普通夜鹰

Caprimulgus indicus

20. 普通夜鹰 *Caprimulgus indicus*

英文名：Grey Nightjar **别名：**蚊母鸟、贴树皮、鬼鸟、夜燕

S 5～8月
罕 凯龙寨

野外识别特征 | 体长25～27厘米。整体偏灰色。喉具白斑；上体密布黑褐色和灰白色虫蠹斑；两翼覆羽和飞羽黑褐色，上有锈红色横斑和眼状斑。

生态习性 | 主要栖息于阔叶林、针阔混交林、林缘疏林、竹林等。单独或成对活动，属夜行性。主要以天牛、甲虫、夜蛾等昆虫为食。繁殖期5～8月，营巢于林中树下或灌丛旁的地上。巢甚简陋，或无巢，直接产卵于地面苔藓上。

保护现状 | IUCN-LC、红色名录-LC、“三有”

普通夜鹰属夜行性，白天多蹲伏于林中草地上或卧伏在阴暗的树干上，因体色与树干颜色接近，很难被发现，故名“贴树皮”[12]。

普通夜鹰©韦铭

21. 白腰雨燕 *Apus pacificus*

英文名：Fork-tailed Swift **别名：**白尾根麻燕、白尾根雨燕、野燕、雨燕、大白腰野燕

白腰雨燕©柯晓聪

野外识别特征 | 体长17～20厘米。整体黑褐色，两翼狭长，尾长而呈深叉状，颏、喉偏白，腰白色，具细的暗褐色羽干纹。

生态习性 | 主要栖息于靠近水源附近的悬崖峭壁上。常成群在栖息地上空来回飞翔。主要以叶蝉、姬蜂等昆虫为食。繁殖期5～7月，成群营巢于悬崖峭壁裂缝中。巢主要由灯芯草、早熟禾及小灌木叶、树皮、苔藓和羽毛等构成。

保护现状 | IUCN-LC、红色名录-LC、“三有”

S 5～7月
罕 南郊、水库支流

白腰雨燕的巢较坚固，由亲鸟用唾液将巢材胶结在一起并粘附于岩壁上，尤其是巢沿胶结得更为坚固，巢沿一般都有一处凹陷，是亲鸟放置尾巴的地方[12]。

22. 小白腰雨燕 *Apus nipalensis*

英文名：House Swift **别名：**小雨燕、台燕、家雨燕

野外识别特征 | 体长11～14厘米。整体除颏、喉和腰为白色外，全为黑褐色，尾为平尾状，分叉不明显，微向内凹。

生态习性 | 主要栖息于开阔的林区、城镇、悬岩等。常成群活动。主要以膜翅目等飞行性昆虫为食，多在飞行中捕食。繁殖期3～5月，营巢于岩壁、洞穴和建筑物上，巢由植物细纤维、禾草、羽毛、花絮和泥土等构成，加亲鸟唾液或湿泥混合筑成。

保护现状 | IUCN-LC、红色名录-LC、“三有”

S 3～5月
罕 水库支流

与白腰雨燕相比，小白腰雨燕体型稍小，色彩较深，喉及腰更白，尾部凹陷不明显，几乎为平切[12]。

小白腰雨燕©柯晓聪

六

鹃形目

CUCULIFORMES

噪鹃

Eudynamys scolopaceus

23. 噪鹃 *Eudynamys scolopaceus*

英文名： Common Koel　**别名：** 嫂鸟、鬼郭公、哥好雀、婆好、冤魂鸟、狗饿雀

野外识别特征 | 体长37～43厘米。雄鸟整体黑色被金属光泽。雌鸟上体灰褐色且遍布白色斑点，下体近白色并具深色杂斑，尾羽具白色横纹。虹膜红色。

生态习性 | 主要栖息于山地、丘陵和山脚平原地带林木茂盛的地方。多单独活动。主要以植物的果实、种子为食，也吃昆虫。繁殖期3～8月，自己不营巢和孵卵，通常将卵产于黑领椋鸟、喜鹊、红嘴蓝鹊等鸟巢中，由其他鸟代孵代育。

保护现状 | IUCN-LC、红色名录-LC、“三有”

噪鹃（雄）©沈惠明

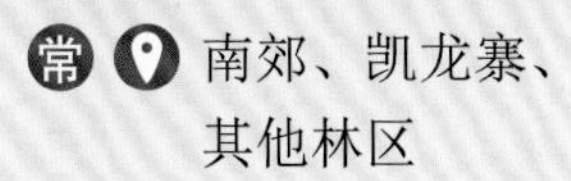

R 常 1～12月
南郊、凯龙寨、其他林区

噪鹃（雌）©李毅

噪鹃常隐蔽于大树顶层茂盛的枝叶中，一般只闻其声；其鸣声清脆而响亮，双音节的“饿…饿…”常不断反复，越叫越高、越快，至最高时突然停止，若有干扰，立刻飞到另一棵树上继续叫[12]。

噪鹃（雄）©韦铭

24. 乌鹃 *Surniculus lugubris*

英文名： Drongo Cuckoo **别名：** 卷尾鹃、乌喀咕

野外识别特征 | 体长23～28厘米。整体黑色，尾呈浅叉状，尾下覆羽和外侧尾羽具白色横斑，在黑色的尾部极为醒目。

生态习性 | 主要栖息于山地、平原茂密森林中，也出现于次生林缘、灌丛、耕地及村寨附近的稀树荒坡。多单独或成对活动。主要以昆虫为食，偶尔也吃植物果实和种子。繁殖期3～5月，不营巢孵卵，通常将卵产于卷尾、燕尾、山椒鸟等鸟巢中，由其他鸟代孵代育。

保护现状 | IUCN-LC、红色名录-LC、“三有”

S 3～5月
罕 南郊、凯龙寨、其他林区

乌鹃©陈东升

目前，已记录的乌鹃巢寄生的宿主有14种，主要是穗鹛属（*Stachyris*）和柳莺属（*Phylloscopus*）的鸟类，在我国，主要是灰眶雀鹛（*Alcippe morrisonia*）和红头穗鹛（*S. ruficeps*）[15]。

25. 大鹰鹃 *Hierococcyx sparverioides*

英文名： Large Hawk Cuckoo　**别名：** 鹰鹃、子规、鹰头杜鹃、贵贵阳、米贵阳、阳雀

大鹰鹃©马文虎

野外识别特征 | 体长38～40厘米。眼圈黄色，头至后颈灰色，背褐色，喉、上胸具栗色和暗灰色纵纹，下胸和腹具暗褐色横斑，尾羽深灰色并具横斑。

生态习性 | 主要栖息于茂密的落叶林和常绿阔叶林。多单独活动。主要以昆虫为食。繁殖期4～7月，自己不营巢，将卵产在钩嘴鹛、喜鹊等鸟巢中，由其他鸟代孵代育。

保护现状 | IUCN-LC、红色名录-LC、“三有”

S 4～7月
常 南郊、凯龙寨、其他林区

大鹰鹃鸣声清脆响亮，三音节，闻似“贵-贵-阳，贵-贵-阳”。繁殖期几乎整天都能听见它的叫声。营巢寄生，幼鸟孵化后，常把“养母”的卵或雏鸟抛弃于巢外[12]。

26. 小杜鹃 *Cuculus poliocephalus*

英文名：Lesser Cuckoo **别名：**催归、阳雀、阴天打酒喝、油炸鸡肉块块

野外识别特征 | 体长24～26厘米。眼圈黄色，上体灰褐色，喉灰色，上胸沾棕色，下胸、腹白色，具明显的黑色横斑。

生态习性 | 主要栖息于低山丘陵、林缘及河谷次生林和阔叶林中。性孤独，常单独活动。主要以昆虫为食，偶尔也吃植物果实与种子。繁殖期5～7月，不营巢和孵卵，通常将卵产于鹪鹩、柳莺等鸟巢中，由其他鸟代孵代育。

保护现状 | IUCN-LC、红色名录-LC、“三有”

S 5～7月
罕 南郊、凯龙寨、其他林区

杜鹃将模拟寄生卵产在寄主巢内，是因为在长期的共进化过程中寄主进化出高度的卵识别能力。但有的寄主却能接受“不一样”的卵，可能是因为这些人类肉眼中不一样的卵，在某些光属性方面是高度模拟的。不过，也有寄主的确缺乏高度的卵识别能力，如强脚树莺（*Horornis fortipes*）就无法有效辨识小杜鹃的卵[16]。

小杜鹃©匡中帆

小杜鹃©张海波

27. 四声杜鹃 *Cuculus micropterus*

英文名：Indian Cuckoo　**别名：**光棍背钮、光棍好过、花喀咕、豌豆八哥、花咕咕

野外识别特征｜体长31～34厘米。眼圈黄色。雄鸟头颈灰色，背、两翼灰褐色，喉、胸浅灰色，腹部白色并具近黑色横纹。雌鸟似雄鸟，但喉、胸部偏褐色。

生态习性｜主要栖息于混交林、阔叶林和林缘疏林，有时也出现在农田边树上。常单独活动，性隐蔽。主要以昆虫为食，有时也吃植物性食物。繁殖期5～7月，自己不营巢，通常产卵于大苇莺、灰喜鹊，黑卷尾等鸟巢中，由其他鸟代孵代育。

保护现状｜IUCN-LC、红色名录-LC、“三有”

S 5～7月
稀 南郊、凯龙寨、其他林区

繁殖期的四声杜鹃叫声响亮，极具辨识性，鸣声为四音节，闻似“光棍好过/苦”“割麦割谷”，通常在夜间鸣叫[12]。

四声杜鹃（雌）©董磊

四声杜鹃（雄）©董文晓

28. 中杜鹃 *Cuculus saturatus*

英文名：Himalayan Cuckoo　**别名：**筒鸟、中喀咕、蓬蓬鸟、山郭公

野外识别特征 | 体长25～34厘米。上体为石板褐灰色，喉和上胸灰色，下胸及腹白色，布满宽的黑褐色横斑。

生态习性 | 主要栖息于山地针叶林、针阔混交林和阔叶林等茂密森林，偶尔也出现在山麓平原人工林和林缘地带。常单独活动，性隐匿。主要以昆虫为食。繁殖期5～7月，自己不营巢和孵卵，通常将卵产于雀形目鸟巢中，由其他鸟类代孵代育。

保护现状 | IUCN-LC、红色名录-LC、“三有”

S 5～7月
稀 南郊、凯龙寨、其他林区

中杜鹃不仅是许多宿主鸟类的巢寄生者，同时也可能是巢捕食者。2015年6月，科研人员在贵州宽阔水自然保护区首次记录到中杜鹃捕食整巢比氏鹟莺（*Seicercus valentini*）卵的行为[17]。

中杜鹃©匡中帆

29. 大杜鹃 *Cuculus canorus*

英文名：Common Cuckoo　**别名：**布谷鸟、喀咕、子规、杜宇、郭公、获谷

野外识别特征 | 体长28～37厘米。上体暗灰色，翅缘白色，杂有窄细的褐色横斑，尾无黑色亚端斑，腹部具细密的黑褐色横斑。

生态习性 | 主要栖息于山地、丘陵和平原地带的森林中，有时也出现在农田、村寨附近的乔木上。性孤僻，常单独活动。主要以昆虫为食。繁殖期5～7月，无固定配偶，也不自己营巢和孵卵，产卵于多种雀形目鸟类巢中，由其他鸟代孵代育。

保护现状 | IUCN-LC、红色名录-LC、“三有”

S 5～7月
常 南郊、凯龙寨、其他林区

大杜鹃就是民间俗称的布谷鸟，因独特的二声一度“布谷…布谷…”叫声而得名[12]。关于其凄厉悲凉的叫声的描述在古往今来的诗词中数不胜数。

大杜鹃©张海波

鹤形目

GRUIFORMES

黑水鸡

Gallinula chloropus

30. 灰胸秧鸡 *Lewinia striata*

英文名：Slaty-breasted Banded Rail　**别名：**蓝胸秧鸡

野外识别特征｜体长22～29厘米。头顶至后颈栗红色，背、腹和两胁灰褐色而具白色横斑；颏、喉白色，颊、颈侧和胸蓝灰色。

生态习性｜主要栖息于水田、溪旁、水塘、湖岸、水渠、芦苇沼泽及附近灌草丛。常单独或成家族群活动。主要以水生昆虫、虾蟹等动物性食物为食，也吃植物性食物。营巢于草丛或沼泽地上，巢呈盘状，由干草构成。

保护现状｜IUCN-LC、红色名录-LC、"三有"

灰胸秧鸡曾被归为*Gallirallus*属，学名为*Gallirallus striatus*（Linnaeus, 1766），中文名为蓝胸秧鸡[18]。

灰胸秧鸡©周哲

31. 红脚田鸡 *Zapornia akool*

英文名： Brown Crake **别名：** 红脚苦恶鸟、红脚秧鸡、棕苦恶鸟

野外识别特征 | 体长25～28厘米。上体橄榄褐色，嘴绿色，头侧、颈侧和胸灰色，喉浅白色，腹和尾下覆羽褐色，脚红色。

生态习性 | 主要栖息于富有水生植物的湿地。性胆怯，常单独活动。主要以蜗牛等软体动物和昆虫为食。繁殖期5～9月，营巢于靠近水边的芦苇丛或草丛中。巢由芦苇、茭白、菖蒲或稻叶缠成，内垫细草、植物纤维及羽毛等，呈浅盘状或杯状。

保护现状 | IUCN-LC、红色名录-LC、“三有”

R 1～12月

罕 金山湿地

红脚田鸡曾被归为*Amaurornis*属，学名为*Amaurornis akool*（Sykes, 1832），中文名为红脚苦恶鸟[18]。

红脚田鸡©张海波

红脚田鸡©柯晓聪

32. 红胸田鸡 *Zapornia fusca*

英文名：Ruddy-breasted Crake　**别名：**绯秧鸡

红胸田鸡©张海波

**野外识别特征 | **体长19～23厘米。上体赭褐色或暗橄榄褐色，颏、喉白色，胸和上腹栗色，下腹和两胁灰褐色，具白色横斑，脚红色。

**生态习性 | **主要栖息于沼泽、河湖岸草丛、水田等。多在晨昏活动，性胆小。主要以水生昆虫、软体动物和水生植物叶、芽、种子为食。繁殖期3～7月，营巢于水边草丛、灌丛地上或田埂草丛中。巢甚隐蔽，四周常有芦苇或高草掩护。

**保护现状 | **IUCN-LC、红色名录-NT、“三有”

S 3～7月
稀 金山湿地

红胸田鸡是一种鲜为人知的物种，虽然它没有被列为全球濒危物种，但近年来，由于气候变化和人类活动的干扰，其栖息地正在迅速消失，数量也在不断减少。研究表明，国内红胸田鸡的遗传多样性、基因流和遗传结构都较低[19]。

红胸田鸡©张海波

33. 白胸苦恶鸟 *Amaurornis phoenicurus*

英文名： White-breasted Waterhen **别名：** 白胸秧鸡、白面鸡、白腹秧鸡

野外识别特征 | 体长26～35厘米。上体暗石板灰色，前额、两颊、喉至胸、腹均为白色，与上体形成黑白分明的对照。下腹和尾下覆羽栗红色。

生态习性 | 主要栖息于沼泽、溪流、水塘、稻田和湖边，也出现在水域附近的灌丛、竹林、疏林等。常单独或成对活动，偶尔集小群。主要以螺、蜗牛等动物性食物为食，也吃植物的花、芽和农作物。繁殖期4～7月，巢营于水域附近的灌丛、草丛或稻田内，巢呈碗状，结构简单，由枯草构成。

保护现状 | IUCN-LC、红色名录-LC、“三有”

S 4～7月
稀 小车河水域、金山湿地

《本草纲目》中说，“今之苦鸟，大如鸠，黑色，以四月鸣，其鸣曰苦苦，又名姑恶……” 4月正是白胸苦恶鸟繁殖期初始，鸣唱频繁，闻似“苦恶……苦恶……”也因此得名[12]。在小车河畔的水草丛中时常会见到它们的身影。

白胸苦恶鸟©张海波

白胸苦恶鸟©张海波

34. 黑水鸡 *Gallinula chloropus*

英文名： Common Moorhen **别名：** 红骨顶、江鸡、红冠水鸡、黑面水鸡

野外识别特征 | 体长24～35厘米。整体黑色，嘴基与额甲红色，两肋具宽阔的白色纵纹，脚黄绿色，脚上部有一鲜红色环带。游泳时身体露出水面较高，尾向上翘，露出尾下两块白斑较为醒目。

R 1～12月
常 小车河水域、宣教中心、金山湿地

生态习性 | 主要栖息于富有挺水植物的沼泽、湖泊、水库、池塘及水田中。善游泳和潜水。常成对或小群活动。主要以动物性食物为食，也吃水生植物嫩叶、幼芽、根茎等。繁殖期4～7月，营巢于水边浅水处芦苇丛或水草中，巢呈碗状，主要由枯水草构成，内垫草叶。

保护现状 | IUCN-LC、红色名录-LC、“三有”

黑水鸡与常见的鸡并非同类，它是一种水鸟，额甲红色，也叫红骨顶，因为脚趾具狭窄的蹼，所以能在水中自由游泳和觅食[12]。

黑水鸡（成鸟）©张海波

黑水鸡（亚成鸟）©李毅

35. 白骨顶 *Fulica atra*

英文名： Common Coot　**别名：** 骨顶鸡、白冠鸡、白冠水鸡

野外识别特征 | 体长35～41厘米。体型浑圆，整体黑色，嘴和额甲白色，较为醒目。脚绿色，趾间具波形瓣蹼。

生态习性 | 主要栖息于富有挺水植物的湿地。善游泳和潜水，除繁殖期外，常成群活动。杂食性。繁殖期5～7月，营巢于有开阔水面的水草丛中。巢简陋，圆台状，就地弯折水草作基础，堆集一些截成小段的水草等，水草交缠在一起，可随水面升降。雏鸟早成性。

保护现状 | IUCN-LC、红色名录-LC、“三有”

W 10月至翌年2月
常 金山湿地、其他水域

白骨顶因具有突出的白色额甲而得名[12]。其实，还有很多鸟类具有类似的特征，如紫水鸡（*Porphyrio porphyrio*）、董鸡（*Gallicrex cinerea*），但关于它们额甲的真正作用，目前还没有统一的认识。

白骨顶©沈惠明

鸻形目
CHARADRIIFORMES

矶鹬
Actitis hypoleucos

36. 黑翅长脚鹬 *Himantopus himantopus*

英文名： Black-winged Stilt　**别名：** 高跷鹬、红腿娘子、高跷腿子、黑翅高跷

野外识别特征 | 体长29～41厘米。脚粉红色，特长而细。嘴黑色，长而尖。雄鸟夏季从头顶至背，含两翼在内黑色。背、肩具绿色金属光泽。雌鸟似雄鸟，但头顶至后颈多为白色。冬季雌雄相似，除背、肩、翼为黑色外，全为白色。

生态习性 | 主要栖息于开阔平原草地中的湖泊、浅水塘和沼泽地带。常单独、成对或成小群活动。性机警胆小。主要以软体动物、虾、昆虫等动物性食物为食。繁殖期5～7月，营巢于沼泽、草地或浅滩。巢呈碟状，主要以芦苇、叶和杂草构成。

保护现状 | IUCN-LC、红色名录-LC、“三有”

食物、水、隐蔽物和人为干扰是野生动物生境选择的基本要素，如黑翅长脚鹬喜欢在草本较高、盖度较大、距水较近、距人为干扰较远、干草比例较大、植被种类较多的区域营巢[20]。

黑翅长脚鹬©柯晓聪

37. 凤头麦鸡 *Vanellus vanellus*

英文名：Northern Lapwing　**别名：**田鸡、鬼鸟、小辫鸻、北方麦鸡

凤头麦鸡©柯晓聪

野外识别特征 | 体长29～34厘米。额、头顶和枕黑褐色，头顶具细长反曲的黑色羽冠，甚为醒目。胸部具宽阔的黑色横带。雌雄相似，但雌鸟头部羽冠稍短，喉部常有白斑。

生态习性 | 主要栖息于低山丘陵、山脚平原和草原地带的湖泊、水塘、沼泽、溪流和农田地带。常成群活动。主要以昆虫等动物性食物为食，也吃杂草、种子及植物嫩叶。繁殖期5～7月，营巢于草地或沼泽草甸边的盐碱地上。巢甚简陋，为地上凹坑，内无铺垫或仅垫少许草茎和草叶。

保护现状 | IUCN-NT、红色名录-LC、“三有”

W 10月至翌年2月
稀 金山湿地

凤头麦鸡不是通常所说的鸡，而是一种水鸟，因头顶具细长反曲的羽冠而得名，具有高可变性的配偶模式，存在单配偶制、一雄多雌制和一雌多雄制的现象[21]。

38. 灰头麦鸡 *Vanellus cinereus*

英文名：Grey-headed Lapwing　**别名：**高跷鸻、跳凫、海和尚

灰头麦鸡©柯晓聪

野外识别特征 | 体长32～36厘米。头、颈、胸灰色。下胸具黑色横带，其余下体白色，背茶褐色。嘴黄色，先端黑色。脚细长，黄色。

生态习性 | 主要栖息于草地、沼泽、湖畔、河边、水塘以及农田地带。常成对或小群活动。主要以昆虫、水生动物和植物叶、种子为食。繁殖期5～7月，营巢于苇塘、湖泊等水域附近草地或盐碱地上。巢甚简陋，仅为一浅凹坑，内无任何铺垫，或仅垫草茎和草叶。

保护现状 | IUCN-LC、红色名录-LC、“三有”

灰头麦鸡©张海波

S　5～7月　稀　金山湿地

灰头麦鸡与凤头麦鸡都是鸻鹬类水鸟，外形相似，主要区别在于凤头麦鸡头上有反曲的黑色长冠羽，嘴黑色，两颊白色，两翼偏绿色，容易区分[1]。

39. 金鸻 *Pluvialis fulva*

英文名： Pacific Golden-Plover **别名：** 金斑鸻、太平洋金斑鸻、金背子

野外识别特征 | 体长23～26厘米。夏羽上体黑色，密布金黄色斑点，下体纯黑色；自额经眉纹，沿颈侧而下到胸侧有一条“Z”字形白带。冬羽上体灰褐色，羽缘淡金黄色，下体灰白色，有不甚明显的黄褐色斑点，眉纹黄白色。

生态习性 | 主要栖息于海滨、湖泊、河流、水塘岸边及其附近沼泽、草地和农地。常单独或成小群活动。主要以昆虫、软体动物等动物性食物为食。繁殖期6～7月，营巢于苔原地上的小浅坑，巢甚简陋，内放干苔藓和枯草。

保护现状 | IUCN-LC、红色名录-LC、“三有”

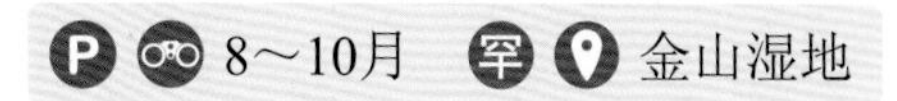

金鸻主要在河岸浅水和滩涂中觅食，尤其喜欢沙质基底，它的食物主要为小鱼、小虾、蚯蚓、蝌蚪以及水生昆虫等，其取食频率和惊飞距离与干扰强度有关，为了它们的正常繁衍与种群维持，人们应尽量减少对它们的干扰[22]。

金鸻（冬羽）©柯晓聪

40. 长嘴剑鸻 *Charadrius placidus*

英文名：Long-billed Plover　**别名**：剑鸻

野外识别特征 | 体长19～21厘米。喙黑色，额、喉及前额白色，头顶前侧黑色，耳羽褐色，背及两翼灰褐色，颈部具白色领环，领环下是一条黑色胸带，下体余部为白色。冬羽颜色较淡。

生态习性 | 主要栖息于河流、湖泊、海岸、河口、沙滩、稻田和沼泽等。单独或成小群活动。主要以动物性食物为食，也吃植物嫩芽、种子等。繁殖期5～7月，营巢于水岸边砂石地或河漫滩。巢置于卵石地上凹坑内，无任何内垫物。

保护现状 | IUCN-LC、红色名录-LC、“三有”

P 10月至翌年2月
罕 金山湿地

长嘴剑鸻偏好在靠近水源的裸露鹅卵石滩觅食和繁殖，体色与鹅卵石非常相似，不易被发现，具有较好的防御作用[23]。

长嘴剑鸻©匡中帆

41. 金眶鸻 *Charadrius dubius*

英文名：Little Ringed Plover　**别名：**黑领鸻、金鸻

金眶鸻©张海波

野外识别特征｜体长15～18厘米。夏羽上体沙褐色，眼周金黄色，额部具黑色横带，白色与黑色领圈明显，眼先至耳覆羽有一宽的黑色贯眼纹，眼后上方具白色眉纹。冬羽额部黑带消失，胸带褐色或不显。

生态习性｜主要栖息于湖泊、河岸、沼泽、草地和农田地带。常单独或成对活动，偶尔集小群。主要以动物性食物为食。繁殖期5～7月，营巢于小岛、沙洲、海滨砂石地或稻田。巢甚简陋，常由亲鸟在沙地上刨一个圆形凹坑，或利用自然凹槽。巢内无垫物，或垫少许枯草。

保护现状｜IUCN-LC、红色名录-LC、“三有”

研究表明，金眶鸻倾向于在植被物种丰富、植物较高、密度和盖度较大、距水源较近的地方营巢[20]。

42. 彩鹬 *Rostratula benghalensis*

英文名：Greater Painted Snipe　**别名：**大彩鹬

野外识别特征｜体长24～28厘米。嘴细长，先端微膨大并向下弯曲。雄鸟眼周淡黄色，向后延伸成一柄状带；背具横斑，两侧具黄色纵带；胸至尾下覆羽白色，胸至背有一白色宽带。雌鸟更鲜艳，喉及前胸栗色。

生态习性｜主要栖息于水塘、沼泽、河滩草地及稻田等生境。常单独或成小群活动。以小型无脊椎动物和植物叶、芽、种子和谷物等植物性食物为食。繁殖期5～7月，营巢于水草丛或稻田中。常置巢于草堆或土台上，主要由枯草构成。

保护现状｜IUCN-LC、红色名录-LC、“三有”

R 1～12月　罕 金山湿地

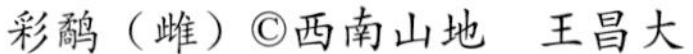

彩鹬（雌）©西南山地　王昌大

彩鹬是鸟类中为数不多的雌鸟比雄鸟体色艳丽的鸟，属典型的一雌多雄制，单只雌性个体可以控制多个雄性配偶，并且可以和多个雄性交配，单只雄性个体只会与一只雌性交配。雌鸟有较强的领域性，通过求偶争夺雄性，雌性产卵后，孵卵和育雏由雄性完成[24]。

彩鹬（雄）©王进

43. 水雉 *Hydrophasianus chirurgus*

英文名： Pheasant-tailed Jacana　**别名：** 鸡尾水雉、长尾水雉、凌波仙子

野外识别特征 | 体长31～58厘米。夏羽具黑色长尾，头、颈前部白色，后颈金黄色，枕部和其余体羽黑色，翅白色。冬羽上体灰褐色，下体白色，具白色眉纹，颈侧一黑色纵纹延伸至胸带，尾较短。

生态习性 | 主要栖息于富有挺水植物和漂浮植物的淡水湖泊、池塘和沼泽。单独或成小群活动，冬季有时集大群。性活泼，善行走、游泳。以小型无脊椎动物和水生植物为食。繁殖期4～9月，营巢于水生植物的叶及大型浮草上，巢呈盘状，主要由干草叶和草茎构成。

保护现状 | 国家二级、IUCN-LC、红色名录-NT、"三有"

S 4～9月　罕 金山湿地

水雉（夏羽）©向定乾

水雉（夏羽）©向定乾

水雉能在睡莲、荷花、菱角、芡实等浮叶植物上行走，步履轻盈，姿态优美，羽色艳丽，所以被美称为"凌波仙子"[12]。

44. 丘鹬 *Scolopax rusticola*

英文名：Eurasian Woodcock　**别名：**山鹬、老嘴弯、大水行、山沙锥

野外识别特征 | 体长32～42厘米。体型肥胖，嘴长且直。整体棕红色，头顶具3～4道近黑色粗横纹；胸腹黄褐色，具较窄的黑色横纹；背、两翼、腰及尾上覆羽锈红色。

生态习性 | 主要栖息于阴暗潮湿、林下植物发达、落叶层较厚的阔叶林、混交林、林间沼泽、湿草地和林缘灌丛。主要以小型无脊椎动物为食，也吃植物根、浆果和种子。繁殖期5～7月，常置巢于灌木、树桩或倒木下，呈圆形小坑，内垫干草和树叶。

保护现状 | IUCN-LC、红色名录-LC、"三有"

W 10月至翌年2月
稀 凯龙寨

丘鹬性格孤僻，属于夜行性森林鸟类，夜晚和黄昏才到附近的湿地觅食[12]。2020年1月11日和11月30日黄昏，在距离阿哈湖水域700米的乔木林中，由红外相机拍摄到了丘鹬活动的身影。

丘鹬©王天冶　　丘鹬©贵州大学生物多样性与自然保护研究中心

45. 扇尾沙锥 *Gallinago gallinago*

英文名：Common Snipe　**别名：**小沙锥、田鹬、沙锥、普通沙锥、田鹬

扇尾沙锥©沈惠明

野外识别特征丨体长24～30厘米。嘴粗长而直，头顶具乳黄色中央冠纹，侧冠纹黑褐色，眉纹乳白色，贯眼纹黑褐色；肩羽外侧羽缘很宽，颜色鲜明，内侧羽缘非常不明显。

生态习性丨主要栖息于湖泊、河流和沼泽等。主要以昆虫、软体动物等动物性食物为食。常单独或成小群活动。繁殖期5～7月，营巢于地上。巢简陋，隐蔽性好，多为地面凹坑，内垫枯草茎和叶。

保护现状丨IUCN-LC、红色名录-LC、“三有”

W 10月至翌年2月
稀 金山湿地

扇尾沙锥多在晚上、黎明和黄昏活动[12]，白天常隐藏于植物丛中，冬天与荷塘中枯败的荷叶浑然一体，没有火眼金睛极难发现，当受到近距离干扰时，会突然冲出，鸣叫着快速飞离。当穿行于湿地中，可能会被它的突然飞出惊吓到。

46. 青脚鹬 *Tringa nebularia*

英文名：Common Greenshank　**别名：**诺氏鹬、青足鹬

野外识别特征｜体长30～35厘米。嘴长而微向上翘。夏羽上体灰褐色具黑褐色羽干纹和白色羽缘；腰、尾白色，尾具黑褐色横斑；头、颈、胸具黑色纵纹。冬羽整体偏白色，胸、腹多白色而少斑纹，背部灰色而少杂斑。

生态习性｜主要栖息于湖泊、河流、水塘、沼泽及海岸地带。常单独、成对或小群活动。主要以动物性食物为食。繁殖期5～7月，营巢于水岸、沼泽地或苔原草地。巢为地上凹坑，内垫少许苔藓和枯草。

保护现状｜IUCN-LC、红色名录-LC、“三有”

W 10月至翌年2月
稀 金山湿地

青脚鹬和小青脚鹬（*Tringa guttifer*）外形相似，相比之下，青脚鹬体型稍大，脚更显长，嘴长而略细，飞翔时脚伸于尾外，翼下有细密纵纹。小青脚鹬为国家二级重点保护鸟类，青脚鹬暂无生存危机[12]。

青脚鹬©王进

47. 白腰草鹬 *Tringa ochropus*

英文名：Green Sandpiper **别名：**绿鹬、草鹬、白尾梢

白腰草鹬©沈惠明

野外识别特征 | 体长20～24厘米。头顶、胸部灰白色具黑褐色斑纹；白色眉纹仅限于眼先，与白色眼周相连；腹部白色无斑纹；腰、尾白色。冬羽颜色偏灰，胸部纵纹不明显。

生态习性 | 主要栖息于河口、湖泊、水塘、农田和沼泽地带。常单独或成对活动。主要以动物性食物为食。繁殖期5～7月，营巢于河流、湖岸、林间沼泽、草丛或疏林地带。一般不筑巢，而是利用鸫、鸽等鸟类废弃的旧巢。

保护现状 | IUCN-LC、红色名录- LC、“三有”

W 10月至翌年2月
罕 金山湿地

栖息地质量的好坏直接影响着鸟类健康。国外的一项研究表明，由于栖息地被污染，白腰草鹬已面临汞中毒的潜在风险。因此，加强鸟类繁殖栖息地、中转地、越冬地等生境的保护与恢复非常重要[25]。

48. 林鹬 *Tringa glareola*

英文名：Wood Sandpiper　**别名：**油锥、林札子、水鸷

野外识别特征｜体长19～23厘米。夏羽头部具明显白色眉纹；胸部具明显黑褐色斑纹；腹部白色少斑纹；背具明显黑色、褐色杂斑。冬羽胸部偏白色少斑纹。

生态习性｜主要栖息于湖泊、库塘、沼泽和水田。常单独或成小群活动。主要以动物性食物为食，也吃少量植物种子。繁殖期5～7月，营巢于水边或附近灌草丛中。巢为地上浅坑，内垫苔藓、枯草和树叶。

保护现状｜IUCN-LC、红色名录-LC、“三有”

林鹬©张海波

P 8～10月　稀 金山湿地

林鹬属于迁徙鸟类，采用“跳跃式”迁徙策略，即使是很小的人工湿地也具有很高的保护价值，这些小湿地也许是它们迁徙的重要“跳板”，维持着湿地生境网络的连续性，阿哈湖湿地正是众多“跳板”中的一块[26]。

林鹬©马文虎

矶鹬©韦铭

49. 矶鹬 *Actitis hypoleucos*

英文名：Common Sandpiper　**别名：**普通鹬

野外识别特征｜体长16～22厘米。喙较短，暗褐色。具白色眉纹和黑色贯眼纹。上体黑褐色，下体白色，并沿胸侧向背部延伸，翅折叠时在翼角前方形成显著的条状白斑。夏羽整体灰色较重。

生态习性｜主要栖息于江河、湖泊、库塘岸边或海岸、沼泽、森林溪流。常单独或成对活动。主要以昆虫、小鱼等动物性食物为食。繁殖期5～7月，营巢于江河沙滩草地上。巢为地上凹坑，内垫少许草茎、草叶或砂砾。

保护现状｜IUCN-LC、红色名录-LC、“三有”

W 10月至翌年2月
稀 小车河水域、金山湿地

矶鹬的孵卵工作由雌鸟完成，雄鸟负责在巢附近警戒。当雌鸟外出觅食时，会先从巢中偷偷跑出来，向外疾走十多米后起飞、鸣叫，回巢时也是先降落在离巢十多米外的地方，四处张望，确保安全后急速跑到巢边，悄无声息地进入巢内。这种行为有效降低了巢暴露的风险[12]。

50. 红嘴鸥 *Chroicocephalus ridibundus*

英文名：Black-headed Gull　**别名：**笑鸥、黑头鸥、普通黑头鸥、水鸽子

野外识别特征 | 体长37～43厘米。夏羽头和颈上部褐色，背、肩灰色，其余体羽及眼周白色；嘴细长，暗红色。冬羽头为白色，眼后有一褐色斑块；嘴鲜红色，先端黑色。

生态习性 | 主要栖息于湖泊、河流、库塘、河口和沿海沼泽等。常成小群活动，冬季亦成大群。主要以动物性食物为食。繁殖期4～6月，营巢于水岸或小岛，多置巢于岸边草丛中、水中漂浮草堆或其他物体上。巢呈浅碗状，主要由枯草构成。

保护现状 | IUCN-LC、红色名录-LC、“三有”

红嘴鸥（冬羽）©李毅

W 10月至翌年2月
罕 金山湿地

1985年11月，红嘴鸥首次进入昆明城区，一时间引起了政府和社会的广泛关注。鸟类专家对其展开了一系列的研究与保护工作，昆明鸟类协会（原昆明市红嘴鸥协会）也应运而生[27]。

红嘴鸥（冬羽）©柯晓聪

51. 灰翅浮鸥 *Chlidonias hybrida*

英文名：Whiskered Tern　**别名：**黑腹燕鸥、须浮鸥

野外识别特征｜体长23～28厘米。夏羽额至头顶黑色，头两侧、颊、颈侧和喉白色，胸、背至尾部灰色，腹和两胁黑色，尾浅叉状。冬羽前额白色，头顶白色具黑色纵纹，耳羽和贯眼纹黑色，上体淡灰色，下体白色。

生态习性｜主要栖息于湖泊、水库、河口、海岸和沼泽地带。常成群活动。主要以鱼、虾、水生昆虫等动物性食物为食。繁殖期5～7月，营巢于开阔的浅水湖泊和附近沼泽地上。浮巢，以芦苇、蒲草等水生植物构成。

保护现状｜IUCN-LC、红色名录-LC、“三有”

灰翅浮鸥（冬羽）©柯晓聪

灰翅浮鸥（夏羽）©柯晓聪

P 5～10月
罕 金山湿地

2020年5月，观鸟爱好者在阿哈湖保育区的金山湿地拍摄到灰翅浮鸥，是阿哈湖湿地的首次记录。灰翅浮鸥的繁殖栖息地遵循“一个中心—边缘梯度”空间分布原则，中央区域的雏鸟的体重增长率较高于外围区域，可能是栖息地中部可以提供更高的安全性以防御天敌，因此被高品质的亲鸟占据[28]。

52. 白翅浮鸥 *Chlidonias leucopterus*

英文名： White-winged Tern　**别名：** 白翅黑海燕、白翅黑燕鸥

野外识别特征｜体长20～26厘米。夏羽嘴暗红色，脚红色，头、颈和下体前半部黑色，上体深灰色，腰、尾和尾下覆羽白色。冬羽嘴黑色，脚暗红色，头、颈和下体白色，头顶和枕有黑斑并与眼后黑斑相连。

生态习性｜主要栖息于河流、湖泊、沼泽、河口和水塘。常成群活动。主要以鱼、虾等水生动物为食。繁殖期6～8月，营巢于枯死的水生植物堆上。浮巢，主要由水生植物堆集而成。

保护现状｜IUCN-LC、红色名录-LC、“三有”

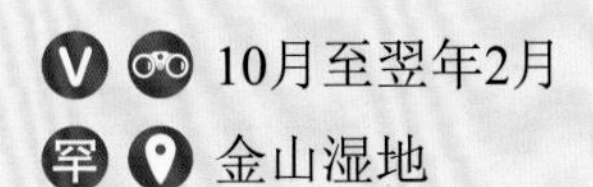

白翅浮鸥（夏羽）©董文晓

白翅浮鸥常成群飞行，不断变化方向，用喙轻点水面觅食，能悬停[1]。见于全国各地，但在贵州主要是旅鸟，不易观察到。

九 鹳形目

CICONIIFORMES

钳嘴鹳

Anastomus oscitans

53. 钳嘴鹳 *Anastomus oscitans*

英文名：Asian Open-bill Stork　**别名**：亚洲钳嘴鹳

野外识别特征 | 体长81～86厘米。整体白色至灰色，飞羽和尾羽为具墨绿色辉光的黑色，上喙下弯，下喙上翘，两喙闭合时中间留有显著空隙。非繁殖期体羽的白色变得黯淡。

生态习性 | 主要栖息于水田、浅滩、河口和湖泊等。常集群活动。主要以螺类、两栖爬行类、小型水生动物等动物性食物为主。繁殖期6～12月，营巢于树上。巢由树枝、树叶和草叶构成。

保护现状 | IUCN-LC、红色名录-LC

V 10月至翌年2月
罕 金山湿地

钳嘴鹳原分布于南亚部分国家，2006年10月3日，在云南大理洱源西湖的发现为中国首次记录，因“合不拢”的嘴而得名，其独特的喙形与筛选、取食螺类的行为密切相关[29]。

钳嘴鹳©匡中帆

十
鲣鸟目
SULIFORMES

普通鸬鹚

Phalacrocorax carbo

54. 普通鸬鹚 *Phalacrocorax carbo*

英文名：Great Cormorant　**别名**：黑鱼郎、水老鸭、鱼鹰

野外识别特征 | 体长72～87厘米。整体黑色，头、颈具紫绿色光泽，两肩和翅具青铜色光彩，嘴角和喉囊黄绿色，眼后下方白色。繁殖期脸部有红色斑，头、颈有白色丝状羽，下胁具白斑。

生态习性 | 主要栖息于河流、湖泊、水库及沼泽等。常成小群活动。潜水觅食，主要以鱼类为食。繁殖期4～6月，营巢于湿地中或周边树上、地上或小岛上。巢由枯枝和水草构成，也用旧巢。

保护现状 | IUCN-LC、红色名录-LC、“三有”

W 10月至翌年2月　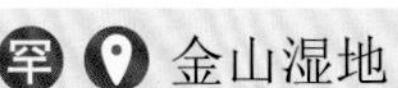 金山湿地

普通鸬鹚（夏羽）©柯晓聪

普通鸬鹚在我国南方较常见，因捕鱼本领高超，自古就被人们驯养用来捕鱼，善潜水，潜水较深、时间较长[12]。

普通鸬鹚（冬羽）©陆小龙

十一 鹈形目 PELECANIFORMES

白鹭

Egretta garzetta

55．彩鹮 *Plegadis falcinellus*

英文名： Glossy Ibis

野外识别特征 | 体长49～66厘米。嘴细长而下弯。整体深酒红色而富有光泽，下背、翅和尾部铜绿色。繁殖期眼先和眼周白色。冬羽略为黯淡，头、颈黑褐色而具白色斑纹。

生态习性 | 主要栖息于湖泊、沼泽、河流、水塘、水田、海边等。成对或小群活动。主要以水生昆虫、软体动物等动物性食物为食。繁殖期因地而异，通常在春季营巢繁殖，营巢于水草丛中干地上或灌丛上，主要由枯枝、草茎和叶构成。

保护现状 | 国家一级、IUCN-LC、红色名录-DD

P 12月至翌年4月
罕 金山湿地

彩鹮©李毅

自20世纪30年代起，国内长达70年未观察到彩鹮，因此，《中国濒危动物红皮书》（1998年）一度宣布彩鹮在国内绝迹。随着生态环境的改善，彩鹮又逐渐回到了大家的视野[30]。2020年，彩鹮在阿哈湖湿地被发现，属贵阳市首次记录。

56. 大麻鳽 *Botaurus stellaris*

英文名：Eurasian Bittern　**别名**：大水骆驼、蒲鸡、水母鸡、大麻鹭

野外识别特征｜体长59～77厘米。体型粗壮。前额至顶冠黑色，眼下向后具显著黑色颊纹，颈部褐色，具零散而细小的黑色横斑，背及两翼褐色，密布黑色纵纹，背部纵纹较粗，下体具黑褐色粗纵纹。

生态习性｜主要栖息于河湖、沼泽等湿地边的灌草丛或湿草地。除繁殖期外常单独活动，秋季迁徙期也集小群。夜行性，多在黄昏和晚上活动。主要以鱼、虾等动物性食物为食。繁殖期5～7月，营巢于沼泽草丛或灌丛中，巢由草茎和草叶构成。

保护现状｜IUCN-LC、红色名录- LC、“三有”

W 10月至翌年2月
罕 金山湿地

大麻鳽© 韦铭

在中国长江流域越冬的大麻鳽，在春季会经长距离的迁徙到达俄罗斯远东地区繁殖，属中距离“跳跃式”迁徙，迁徙速度较慢，中途长时间停留，中国东北就是重要的停歇地之一，停歇地生境质量对它们迁徙成功与否至关重要，因此，应加强停歇地湿地的管理与保护[31]。

57. 黄斑苇鳽 *Ixobrychus sinensis*

英文名：Yellow Bittern　**别名**：黄苇鳽、小黄鹭、黄秧鸡、黄尾鹣

S 5～7月　罕 金山湿地

野外识别特征 | 体长30～38厘米。成鸟头顶黑色，上体淡黄褐色，下体皮黄色，飞羽黑色。亚成鸟褐色偏重，密布纵纹，两翼和尾为黑色。

生态习性 | 主要栖息于挺水植物丰富的湿地开阔明水面。常单独或成对活动。主要以小鱼、虾、蛙等动物性食物为食。繁殖期5～7月，营巢于水生植物草丛中。巢通常以弯折少许植物作依托，结构较简陋。

保护现状 | IUCN-LC、红色名录-LC、“三有”

研究表明，先孵化的同龄黄斑苇鳽雏鸟比后孵化的乞食更频繁，效率更高，能从亲鸟获得更多的食物，这种食物分配模式会导致后孵化雏鸟更低的生长率和更高的死亡率[32]。

黄斑苇鳽©韦铭

58．栗苇鳽 *Ixobrychus cinnamomeus*

英文名： Cinnamon Bittern　**别名：** 葭鳽、小水骆驼、独春鸟、栗小鹭、红小水骆驼、黄鹤、红鹭鸶

S 4～7月　罕 金山湿地

野外识别特征｜体长31～37厘米。雄鸟上体及两翼近全为栗棕色，颈侧具白色纵纹，下体淡棕黄色，喉至胸具褐色纵纹。雌鸟似雄鸟，但头顶羽色较暗，上体不如雄鸟鲜艳，下体黑色纵纹更显著。幼鸟色淡，全身被褐色纵纹。

生态习性｜主要栖息于沼泽、水塘、溪流和水田等。夜行性，多在晨昏和夜间活动于隐蔽阴暗的地方。主要以小鱼、蛙等动物性食物为食，也吃少量植物性食物。繁殖期4～7月，营巢于水草丛或灌丛中。巢简陋，常由草茎、叶、枯枝构成。

保护现状｜IUCN-LC、红色名录-LC、“三有”

栗苇鳽生性胆小而机警，很少飞行，多在湿地芦苇丛中通过和在芦苇上行走，不易观察到[12]。

栗苇鳽（雄）©沈惠明

栗苇鳽（雌）©沈惠明

59. 夜鹭 *Nycticorax nycticorax*

英文名：Black-crowned Night Heron　**别名**：水洼子、灰洼子、苍鳽、星鳽、夜鹤、夜游鹤

野外识别特征｜体长48～59厘米。喙粗壮，虹膜红色；头顶、枕部至背部蓝黑色，头后具细长的灰白色辫羽；两翼、尾羽及下体皆为灰色；腹部至尾下覆羽近白色。幼鸟上体暗褐色，缀有淡棕色羽干纹和白色或棕白色星状端斑。

生态习性｜主要栖息于溪流、水塘、江河、沼泽、水田。夜行性，常单独活动。主要以鱼、蛙等动物性食物为食。繁殖期4～7月，常成群营巢于高大树上，巢由枯枝和草茎构成。

保护现状｜IUCN-LC、红色名录-LC、“三有”

R 1～12月
常 小车河水域、金山湿地

夜鹭（成鸟）©张海波

夜鹭通常在清晨、黄昏及夜间活动，以夜行性为主而得名[12]，但在阿哈湖湿地的小车河畔，经常一整天都能看到它的身影。

夜鹭（亚成鸟）©张海波

60. 绿鹭 *Butorides striata*

英文名：Striated Heron　**别名：**绿背鹭、绿鹭鸶、打鱼郎、绿蓑鹭

野外识别特征｜体长38～48厘米。嘴长、尖，颈短，尾短而圆；头顶和长冠羽黑色而具绿色金属光泽；颈和上体绿色；背、肩披长而窄的青铜色矛状羽；颏、喉白色；一道黑色线从嘴基过眼下及脸颊延至枕后；胸和两胁灰色；常缩颈蹲伏站立于水边。

生态习性｜主要栖息于有乔灌木的水淹地带。性孤独，常单独活动。主要以鱼类为食，也吃水生昆虫、软体动物等。繁殖期5～6月，营巢于河岸或河心岛的林中。巢简陋，呈碟状，主要由干树枝堆叠而成。

保护现状｜IUCN-LC、红色名录-LC、“三有”

R 1～12月　稀 水库支流

绿鹭因体羽多绿色而得名，是一种生性孤独的水鸟[12]，在阿哈湖湿地主要分布于白岩河支流人迹罕至的河湾、溪流及烂泥沟支流的隐秘河岸森林中，不容易观察到。

绿鹭©匡中帆

61．池鹭 *Ardeola bacchus*

英文名： Chinese Pond Heron **别名：** 红毛鹭、中国池鹭、红头鹭鸶、沼鹭、田螺鹭、沙鹭、花鹭鸶、花窖子

R 1～12月
常 小车河水域、小微湿地、金山湿地、水库支流

野外识别特征 | 体长38～50厘米。夏羽头、颈为栗色，背蓝灰色，两翼、尾羽及下体皆为白色，头后具长冠羽，颈基部和背部具长蓑羽。冬羽头、颈浅黄色，具深褐色纵纹，背褐色。

生态习性 | 主要栖息于水田、库塘、湖泊和沼泽等水域。常单独或成小群活动，性大胆。以鱼、虾等动物性食物为食，也吃少量植物性食物。繁殖期3～7月，营巢于水域附近的高大树木或竹林。巢极简陋，由枯枝和干草构成。

保护现状 | IUCN-LC、红色名录-LC、“三有”

池鹭（夏羽）©张海波

2010年，在日本记录到一只雄性白鹭与一只雌性池鹭配对的现象，并喂养了一只具有两个物种中间特征的幼鹭，这说明两个物种之间发生了可育的属间杂交[33]。

池鹭（冬羽）©张海波

62．牛背鹭 *Bubulcus ibis*

英文名：Cattle Egret　**别名：**黄头鹭、黄头白鹭、畜鹭、放牛郎

野外识别特征｜体长47～55厘米。喙和颈较短粗。夏羽头、颈橙黄色，前颈基部和背中央具橙黄色长饰羽，其余体羽白色。冬羽整体白色，个别头顶缀有黄色，无丝状饰羽。

生态习性｜主要栖息于湖泊、水库、水田、池塘、旱田和沼泽地。常成对或小群活动。主要以动物性食物为食。繁殖期4～7月，营巢于树上或竹林。巢由枯枝构成，内垫少许干草。

保护现状｜IUCN-LC、红色名录-LC、“三有”

牛背鹭与白鹭的主要区别是嘴呈黄色。牛背鹭与水牛是最佳搭档，两者形成了依附关系，它们常跟随在水牛身后捕食被水牛从水草中惊飞的昆虫，也常在牛背上歇息[12]。

R 1～12月　常 金山湿地

牛背鹭（夏羽）©贵州大学生物多样性与自然保护研究中心

牛背鹭（冬羽）©张海波

牛背鹭（夏羽）©张海波

63．苍鹭 *Ardea cinerea*

英文名：Grey Heron　**别名**：长脖老等、灰鹳、青庄、饿老鹳、干老鹳

苍鹭（亚成鸟）©张海波

苍鹭（左：幼鸟、右：成鸟）©柯晓聪

野外识别特征｜体长80～110厘米。身体细瘦；头、颈以灰色或粉灰色为主，过眼纹及冠羽黑色；颈具黑色纵纹；两翼飞羽和初级覆羽近黑色；上体余部蓝灰色。亚成鸟整体灰色较多。飞行时体大似猛禽，但飞行速度慢，脖子呈“S”形，可轻易与猛禽区别开来。

生态习性｜主要栖息于江河、溪流、湖泊、水塘、海岸等水岸及浅水。常单独或集群活动。晚上多成群栖息于高大树上。主要以小鱼等动物性食物为食。繁殖期4～6月，营巢于水域附近的树上或草丛中。巢多由干树枝和枯草构成。

保护现状｜IUCN-LC、红色名录-LC、“三有”

R 常　1～12月
小车河水域、小微湿地、金山湿地、水库支流

苍鹭觅食最为活跃的时间是清晨和傍晚，它们长时间紧盯水面，静止等候过往鱼群，一见食物到来，立刻伸颈啄食，行动极为灵活敏捷，有时等候长达数小时之久，故得名“长脖老等”[12]。

64. 草鹭 *Ardea purpurea*

英文名：Purple Heron　**别名**：草当、花洼子、黄庄、紫鹭、柴鹭

野外识别特征｜体长83～97厘米。嘴长而尖，整体黄褐色，头顶蓝黑色，枕部两枚黑灰色长饰羽，颈棕色，且颈侧具黑色纵纹。亚成鸟褐色较重。

生态习性｜主要栖息于湖泊、河流、沼泽、水库岸边及浅水处。常成小群活动。主要以小鱼、蛙等动物性食物为食。繁殖期5～7月，营巢于富有挺水植物的湿地杂草丛中，偶尔在树上营巢。巢极简陋，以水生植物弯折、编织为基础，内垫草穗等柔软物。

保护现状｜IUCN-LC、红色名录-LC、"三有"

草鹭是大型的长途迁徙鸟类，飞行能力极强。在荷兰，配备了卫星跟踪器的7只草鹭在5～7天内飞越了约4000千米，其中一只甚至连续飞行了5600千米，且大部分时间是在飞越海洋[34]。

草鹭（成鸟）©柯晓聪

草鹭（亚成鸟）©柯晓聪

65. 大白鹭 *Ardea alba*

英文名：Great Egret　**别名：**白鹤鹭、白鹭鸶、白庄、大白鹤

大白鹭©张海波

大白鹭©张海波

野外识别特征｜体长82～100厘米。嘴、颈、脚均甚长，身体纤细；全身白色；下腿略呈淡粉红色。繁殖期背和前颈下部着生长蓑羽；嘴黑色，眼先蓝绿色。冬羽嘴和眼先黄色，背和前颈无蓑羽。

生态习性｜主要栖息于开阔平原和山地丘陵的河流、湖泊、水田、滨海、河口及沼泽地带。常单独或小群活动。主要以昆虫、鱼、蛙等动物性食物为食。繁殖期4～7月，营巢于高大树木或芦苇丛中。巢较简陋，多由枯枝和干草构成，有时内垫少许柔软草叶。

保护现状｜IUCN-LC、红色名录- LC、“三有”

P　5～7月　稀　金山湿地

2014年6月，研究人员在黑龙江七星河保护区给1只大白鹭幼鸟佩戴了卫星跟踪器，监测数据显示，农田是它离巢后的主要栖息地，推测其原因是农田具有丰富的动物性食物，但农田中大量的农药、杀虫剂使用也可能会影响大白鹭幼鸟的生存。因此，不仅要保护其繁殖地，还要有针对性地加强其迁徙前的主要栖息地的保护和管理[35]。

66. 中白鹭 *Ardea intermedia*

英文名： Intermediate Egret　**别名：** 白鹭鸶、春锄

中白鹭（夏羽，左起一、四、五）©张海波

S 4～6月 常 金山湿地

野外识别特征｜ 体长62～70厘米。全身白色，眼先黄色，脚、趾黑色。夏羽背和前颈下部有长的披针形饰羽，嘴黑色。非繁殖期无饰羽，嘴黄色，先端黑色。

生态习性｜ 主要栖息于河湖、沼泽、河口、水塘、水田岸边及浅水处等。常单独、成对或成小群活动。主要以鱼、虾、蛙等动物性食物为食。繁殖期4～6月，营巢于树林或竹林内。巢由枯枝和干草构成，内填柔软干草。

保护现状｜ IUCN-LC、红色名录-LC、“三有”

中白鹭与大白鹭外形相似，野外容易混淆。相比之下，中白鹭除了体型较小，嘴、脚也较短，口角一条黑线仅延伸到眼下，而大白鹭超过眼后[36]。

中白鹭（冬羽）©柯晓聪

67. 白鹭 *Egretta garzetta*

英文名：Little Egret **别名：**小白鹭、白鹤、白鹭鸶、白翎鸶、春锄、白鸟

野外识别特征｜体长52～68厘米。全身白色，嘴、脚黑色，趾黄绿色。繁殖期枕部着生两根狭长而柔软的矛状饰羽，背和前颈亦着生长蓑羽。非繁殖期无饰羽或不明显。

生态习性｜主要栖息于河湖、库塘、水田、河口与沼泽等湿地。单独或集群活动。主要以小鱼、蛙等动物性食物为食，也吃少量谷物等植物性食物。繁殖期3～7月，营巢于高大树上。巢简陋，由枯枝、草茎和草叶构成。

保护现状｜IUCN-LC、红色名录-LC、“三有”

R 1～12月
常 小车河水域、小微湿地、金山湿地、水库支流

随着贵阳市南明河流域生态治理逐见成效，白鹭成了贵阳城区湿地中四季可见的物种，种群数量也呈增长趋势，因此，可以参考已有研究，将白鹭作为湿地生境变化的一个指示物种[37]。

白鹭（冬羽）©张海波

白鹭（夏羽）©张海波

白鹭（夏羽）©张海波

十二

鹰形目

ACCIPITRIFORMES

黑冠鹃隼

Aviceda leuphotes

68．凤头蜂鹰 *Pernis ptilorhynchus*

英文名：Oriental Honey Buzzard **别名：**八角鹰、雕头鹰、蜜鹰、蜂鹰

野外识别特征｜体长50～66厘米。头侧具短而硬的厚密鳞片状羽，后枕部常具短冠羽；上体常为黑褐色，喉白色，具黑色中央纹，其余下体具淡红褐色和白色相间排列的横带和粗显的黑色中央纹；翼下飞羽白色或灰色，具黑色横带，尾灰色或白色，具黑色端斑，基部两条黑色横带。

P 8～10月
稀 凯龙寨、其他林区

生态习性｜主要栖息于阔叶林、针叶林和混交林中。常单独活动。主要以动物性食物为食。繁殖期4～6月，营巢于树上。巢材主要由枯枝、草茎和草叶构成，有时也利用其他猛禽的旧巢。

保护现状｜国家二级、附录Ⅱ、IUCN-LC、红色名录-NT

凤头蜂鹰©孟宪伟

凤头蜂鹰名中的“蜂”是指它们的食性，喜食黄蜂和其他蜂类以及它们的蜂蜜、蜂蜡、幼虫、虫卵甚至是蜂巢[12]。虽然蜂类都长有毒刺，有些甚至能置人于死地，但是，凤头蜂鹰却能轻松吃掉它们。

69. 黑冠鹃隼 *Aviceda leuphotes*

英文名：Black Baza　**别名**：蝙蝠鹰、凤头鹃隼、凤头老鹰

野外识别特征｜体长30～33厘米。上体蓝黑色，具竖直的蓝黑色长冠羽；翅和肩具白斑；喉和颈黑色；上胸具一宽阔的半月形白斑，下胸和腹侧具宽的白色和栗色横斑。

生态习性｜主要栖息于山脚平原、低山丘陵和高山森林地带。常单独活动。主要以蝗虫、蚱蜢等昆虫为食，也吃蝙蝠、鼠类等小型脊椎动物。繁殖期4～7月，营巢于森林的高大树上。巢主要由枯枝、草茎、草叶和树皮构成。

保护现状｜国家二级、附录Ⅱ、IUCN-LC、红色名录-LC

R 1～12月
罕 凯龙寨、其他林区

黑冠鹃隼©张海波

黑冠鹃隼©张海波

黑冠鹃隼因头部具有竖直的黑色长冠羽而得名，是为数不多的具有大面积蓝黑色体羽的猛禽[1]。每当雨后初晴，在阿哈湖的森林地带就有可能见到它们展翅晾晒的姿态。

70. 凤头鹰 *Accipiter trivirgatus*

英文名：Crested Goshawk **别名**：凤头苍鹰、粉鸟鹰、凤头雀鹰

R 1～12月
罕 凯龙寨、其他林区

野外识别特征 | 体长41～49厘米。头前额至后颈鼠灰色，具明显的与头同色冠羽，其余上体褐色；尾具4道宽的暗色横斑；喉白色，具明显黑色中央纹；胸棕褐色，具白色纵纹；其余下体白色，具窄的棕褐色横斑。成年凤头鹰飞行时，白色的尾羽形如纸尿裤，是与其他猛禽相区别的特殊鉴别特征。

生态习性 | 主要栖息于山地森林、山脚林缘、竹林、小丛林或村庄附近。多单独活动。主要以蛙、蜥蜴、鼠类等动物性食物为食。繁殖期4～7月，营巢于高大树上。巢较粗糙，主要由枯枝堆集而成，内垫绿叶。

保护现状 | 国家二级、附录Ⅱ、IUCN-LC、红色名录-NT

凤头鹰是较常见的一种猛禽，但关于它繁殖生态的研究较少。2017年3～5月，云南哀牢山首次使用红外相机记录了它的繁殖过程，整个过程持续了74天[38]。

凤头鹰©柯晓聪

凤头鹰©王进

71．松雀鹰 *Accipiter virgatus*

英文名：Besra　**别名：**松儿、松子鹰、摆胸、雀贼、雀鹞、鹞鹰

野外识别特征｜体长28～38厘米。雄鸟上体黑灰色，喉白色，喉中央有一条宽而粗的黑色中央纹，其余下体白色或灰白色，具褐色或棕红色斑；尾具4道暗色横斑。雌鸟个体较大，上体暗褐色，下体白色具暗褐色或棕褐色横斑。

生态习性｜主要栖息于茂密的针叶林、常绿阔叶林及开阔的林缘疏林地带，冬季常出现在丛林、竹园与河谷地带。常单独或成对活动。主要以小鸟、蜥蜴、小鼠等动物性食物为食。繁殖期4～6月，营巢于林中枝繁叶茂的高大树上。巢隐蔽，位置较高，由树枝和绿叶构成。

R　1～12月
稀　凯龙寨、其他林区

保护现状｜国家二级、附录Ⅱ、IUCN-LC、红色名录-LC

松雀鹰性机警，常站在林缘高大的枯树顶枝上观察四周，等待和偷袭过往的小鸟。领域性强，常主动攻击、驱逐进入领域内的其他猛禽[12]。

松雀鹰（雄）©王新

松雀鹰（亚成鸟）©张海波

72. 雀鹰 *Accipiter nisus*

英文名：Eurasian Sparrowhawk **别名：**鹞鹰、黄鹰、细胸、鹞子

雀鹰（雄）©向定乾

雀鹰（雌）©向定乾

野外识别特征 | 体长30～41厘米。雄鸟上体暗灰色；雌鸟灰褐色，头后杂有少许白色，下体白色或淡灰白色。雄鸟具细密的红褐色横斑；雌鸟具褐色横斑。雌鸟略大，翅阔而圆，尾较长。

生态习性 | 主要栖息于针叶林、阔叶林、混交林等山地森林和林缘地带。常单独生活。主要以鼠类、小鸟等动物性食物为食。繁殖期5～7月，营巢于森林树上。巢呈碟形，主要由枯树枝构成，内垫小枝和树叶。

保护现状 | 国家二级、附录Ⅱ、IUCN-LC、红色名录-LC

R 1～12月
罕 凯龙寨、其他林区

雀鹰主要以鼠类为食，堪称是鹰中的捕鼠能手，对于农林业和牧业十分有益，对维持生态平衡也起到了积极的作用，应加强保护[12]。

73. 白尾鹞 *Circus cyaneus*

英文名：Hen Harrier **别名：**灰泽鹞、灰鹰、白抓、灰鹞鹰

野外识别特征 | 体长41～53厘米。雄鸟上体蓝灰色，头、胸较暗；翅尖黑色；尾上覆羽白色；腹、两胁和翼下覆羽白色。雌鸟上体暗褐色；尾上覆羽白色；下体皮黄色或棕黄褐色，杂以粗的红褐色或暗棕褐色纵纹。

生态习性 | 主要栖息于平原和低山丘陵地带，冬季也到村寨附近活动。常单独活动。主要以小鸟、鼠类、蛙、蜥蜴等动物性食物为食。繁殖期4～7月，营巢于草丛或灌丛间地上。巢呈盘状，主要由枯草、细枝构成。

保护现状 | 国家二级、附录Ⅱ、IUCN-LC、红色名录-NT

白尾鹞（雄）©西南山地　袁晓

W 10月至翌年2月
稀 金山湿地、凯龙寨、其他林区

白尾鹞喜欢捕食小鸟[12]，每当阿哈湖湿地或贵州省农科院周边的稻子成熟时，在稻田中或上空常能看到它们捕食文鸟和麻雀的身影。

白尾鹞（雌）©王进

74. 黑鸢 *Milvus migrans*

英文名： Black Kite　**别名：** 黑耳鸢、鸢、老鹰、麻鹰、老雕、黑鹰、鸡屎鹰

黑鸢©张海波

野外识别特征 | 体长54～69厘米。上体近纯暗褐色；尾褐色，呈叉状；耳羽黑褐色，颏、喉和颊部污白色，均具暗褐色羽干纹；下体余部土褐色，具暗褐色细纹；飞行时初级飞羽基部浅色斑与近黑色的翼尖成对照，尾羽常呈剪刀状或浅剪刀状。

生态习性 | 主要栖息于开阔平原、草地、荒原和低山丘陵，也常在城郊、村落、田野、湖泊上空活动。常单只高空飞翔。主要以小鸟、鼠类、蛇、蛙等动物性食物为食。繁殖期4～7月，营巢于高大树上或峭壁。巢呈浅盘状，主要由枯枝构成，结构较为松散，内垫枯草、纸屑、破布、羽毛等柔软物。

保护现状 | 国家二级、附录Ⅱ、IUCN-LC、红色名录-LC

黑鸢是阿哈湖湿地最容易观察到的猛禽之一。鸟类学家Bob Gosford研究发现，黑鸢是澳洲森林火灾的“纵火犯”之一，这种故意行为很可能是为了通过引发火灾来获取食物，比如被火灾惊飞或烧伤的小型动物[39]。

R 1～12月
稀 南郊、小车河沿岸、凯龙寨、其他林区、其他水域

75. 灰脸鵟鹰 *Butastur indicus*

英文名：Grey-faced Buzzard　**别名**：灰脸鹰、灰面鹞、灰面鵟鹰

野外识别特征 | 体长39～46厘米。上体暗棕褐色，翅上的覆羽棕褐色，尾羽灰褐色，具3道黑褐色宽横斑；喉白色，具宽的黑褐色中央纵纹；胸以下白色，密布棕褐色横斑。

生态习性 | 繁殖期主要栖息于山林地带，秋冬季则多栖息于林缘、草地、村寨附近等较开阔地带。常单独活动，迁徙期成群活动。主要以小蛇、蛙和鼠类等动物性食物为食。繁殖期5～7月，营巢于阔叶林、疏林、林缘或孤立乔木上。巢呈盘状，主要由枯枝构成，内垫枯草茎、叶、树皮和羽毛。

保护现状 | 国家二级、附录Ⅱ、IUCN-LC、红色名录-NT

灰脸鵟鹰©柯晓聪

W 1～12月
罕 凯龙寨、其他林区

2007～2010年，有研究人员在河南董寨保护区对灰脸鹰的繁殖状况进行了调查，是黄河以南地区灰脸鵟鹰繁殖的首次记录，将其繁殖区的文献记录从黄河以北地区扩展到了河南省的南部[40]。

灰脸鵟鹰©董文晓

76. 普通鵟 *Buteo japonicus*

英文名：Eastern Buzzard **别名**：鸡母鹞、饿老鹰、土豹子

野外识别特征丨体长50～59厘米。体色变化较大。上体主要为暗褐色，下体偏白且具棕色纵纹；飞行时两翼宽而圆，初级飞羽基部具特征性白色块斑，尾散开呈扇形，两翼微向上举成浅"V"形。

生态习性丨繁殖期主要栖息于山地森林和林缘地带，秋、冬季则多出现在低山丘陵和山脚平原地带。多单独或小群活动。主要以森林鼠类为食，也吃蛙、蜥蜴、蛇等动物性食物。繁殖期5～7月，营巢于高大树上或悬崖上，尤喜针叶树，有时也侵占乌鸦巢。巢结构简单，主要由枯枝、松针等构成。

保护现状丨国家二级、附录Ⅱ、IUCN-LC、红色名录-LC

W 10月至翌年2月
罕 凯龙寨、其他林区

在阿哈湖国家湿地公园甚至整个贵阳地区[1]，普通鵟都是冬季最常见的猛禽之一。

普通鵟©张海波

普通鵟©张海波

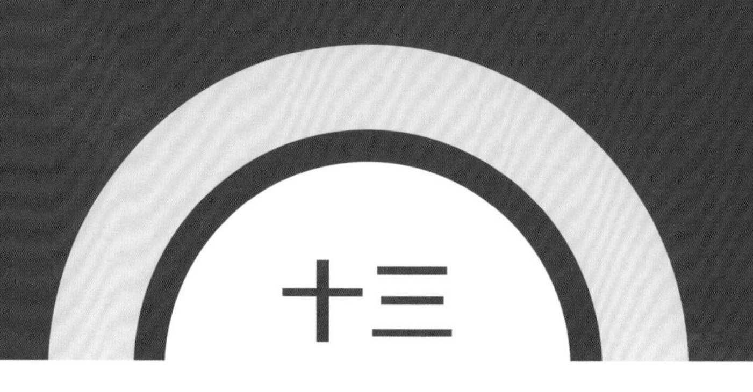

鸮形目

STRIGIFORMES

斑头鸺鹠

Glaucidium cuculoides

77. 领角鸮 *Otus lettia*

英文名：Collared Scops Owl **别名**：猫头鹰、毛脚鸺鹠

野外识别特征 | 体长20～27厘米。具明显耳羽簇及特征性的浅沙色颈圈；上体常为灰褐色或沙褐色，并杂有暗色虫蠹状斑和黑色羽干纹；下体白色或皮黄色，缀有淡褐色波状横斑和黑色羽干纹。

生态习性 | 主要栖息于山地阔叶林和混交林中，也出现在山麓林缘和村寨附近的树林内。常单独活动，繁殖期成对活动。夜行性。主要以小型啮齿类、蝼蛄、蝗虫等动物性食物为食。繁殖期3～6月，通常不筑巢。营巢于天然树洞或啄木鸟废弃树洞内，洞内无巢材。

保护现状 | 国家二级、附录Ⅱ、IUCN-LC、红色名录-LC

领角鸮©韦铭

R 1～12月
罕 凯龙寨、其他林区

领角鸮名字中的“领”是指颈部不完整的浅沙色项圈，“角”是指头两侧明显的耳羽簇，看起来就像长了一对直立的角[1]。

78. 灰林鸮 *Strix aluco*

英文名：Tawny Owl　**别名：**猫头鹰

野外识别特征 | 体长37～40厘米。整体偏褐色，具红褐色杂斑及纵纹；每片羽毛都具有复杂的纵纹及横斑；头圆，无耳簇羽，面盘明显，面盘上方偏白，呈“V”字形；胸具细密条纹和虫蠹状斑。

生态习性 | 主要栖息于山地阔叶林和混交林中，尤喜河岸、沟谷森林地带。常成对或单独活动。夜行性。主要以啮齿类、小鸟、蛙等动物性食物为食。繁殖期1月至翌年4月，主要营巢于树洞中。

保护现状 | 国家二级、附录Ⅱ、IUCN-LC、红色名录-NT

R 1～12月
罕 凯龙寨、其他林区

灰林鸮©柯晓聪

灰林鸮在流行病学相关肠杆菌科的传播中具有潜在作用，对林业工作人员、自然保护人员及鸟类研究人员存在一定的健康风险[41]。

79. 斑头鸺鹠 *Glaucidium cuculoides*

英文名： Asian Barred Owlet **别名：** 横纹小鸺、横纹鸺鹠、猫王鸟、猫儿头、小猫头鹰、猫咕噜

R 1～12月
稀 南郊、小车河沿岸、凯龙寨、其他林区

野外识别特征 | 体长20～26厘米。面盘不明显，无耳羽簇；体羽褐色，头和上下体羽均具细的白色横斑；喉具一显著的白色斑；腹白色，下腹和肛周具宽阔的褐色纵纹。

生态习性 | 主要栖息于阔叶林、混交林、林缘灌丛、疏林等。多单独或成对活动。昼行性为主。主要以昆虫、鼠类等动物性食物为食。繁殖期3～6月，营巢于高大乔木的树洞、天然洞穴、古老建筑墙缝或废旧仓库的裂隙中。

保护现状 | 国家二级、附录Ⅱ、IUCN-LC、红色名录-LC

斑头鸺鹠©张海波

斑头鸺鹠属于贵阳地区比较容易观察到的猫头鹰种类[1]，天气晴朗的清晨，在小车河沿岸的高大乔木顶端，可能就有它们停栖在上面。

80．短耳鸮 *Asio flammeus*

英文名：Short-eared Owl **别名：**夜猫子、猫头鹰、短耳猫头鹰、田猫王

W 1～12月
稀 凯龙寨、其他林区

野外识别特征｜体长35～40厘米。面盘显著，眼周黑色；耳羽簇短而不明显；上体棕黄色，有黑色和皮黄色斑点及条纹；下体棕黄色，具黑色羽干纹。

生态习性｜主要栖息于低山丘陵、苔原、平原、沼泽和草地等。多在黄昏和晚上活动，平时多栖于地上或潜伏于草丛中。多贴地面飞行。主要以鼠类为食，也吃小鸟、蜥蜴和昆虫，偶尔也吃果实和种子。繁殖期4～6月，营巢于沼泽附近草丛中或次生阔叶林的朽木洞中。巢常由枯草构成。

保护现状｜国家二级、附录Ⅱ、IUCN-LC、红色名录-NT

短耳鸮©匡中帆

短耳鸮多在夜晚活动，月光的光照强度对它们的捕食有影响，随着月光增强，捕猎效率也会随之提高，搜寻和捕捉老鼠所需的时间也明显减少[42]。

十四 犀鸟目 BUCEROTIFORMES

戴胜

Upupa epops

81．戴胜 *Upupa epops*

英文名：Common Hoopoe　**别名**：胡哱哱、花蒲扇、山和尚、鸡冠鸟、臭姑鸪、屎咕咕

野外识别特征 | 体长25～32厘米。嘴细长而向下弯曲；头上具长的扇形羽冠，沙粉红色，具黑色端斑和白色次端斑；翅宽圆，具粗显的黑白相间横斑。

生态习性 | 主要栖息于山地、平原等开阔生境。多单独或成对活动。主要以昆虫等动物性食物为食。繁殖期4～6月，营巢于天然树洞或啄木鸟的弃洞中。巢由植物茎叶、羽毛、毛发等构成。

保护现状 | IUCN-LC、红色名录-LC、“三有”

W 10月至翌年2月
稀 南郊、小车河沿岸

戴胜©张海波

由于戴胜亲鸟不处理雏鸟的粪便，加上雌鸟在孵卵期间会从尾部腺体中排除一种黑棕色的油状液体，导致巢内又脏又臭，所以被俗称“臭姑姑”，这种臭味能让部分入侵者“望而却步”，但也有可能招来天敌。此外，戴胜是有名的食虫鸟，在保护森林和农作物方面起着重要作用[12]。

佛法僧目
CORACIIFORMES

普通翠鸟
Alcedo atthis

82. 白胸翡翠 *Halcyon smyrnensis*

英文名：White-throated Kingfisher　**别名**：白胸鱼狗、翠碧鸟、翠毛鸟、红嘴吃鱼鸟、鱼虎、白喉翡翠

野外识别特征｜体长26～30厘米。整体以蓝色和褐色为主。嘴、脚红色，颏、喉、胸白色；头、腹深栗色；背、翅、尾蓝色。

生态习性｜主要栖息于河湖岸、库塘、沼泽和稻田等。常单独活动。主要以鱼、蟹等动物性食物为食。繁殖期3～6月，掘洞为巢，营巢于河岸、田坎、岩洞中。巢呈隧道状，末端扩大为巢室。

保护现状｜国家二级、IUCN-LC、红色名录-LC　R 1～12月 罕 水库支流

翠鸟属于食性相对狭窄的物种，具有较高的监测价值，可用于开发一种敏感的生态与人类健康参数的生物指标。如，建立区域鸟类金属水平的数据库，可用来评估和解释某地区的环境污染水平及趋势[43]。

白胸翡翠©吴忠荣

83. 蓝翡翠 *Halcyon pileata*

英文名： Black-capped Kingfisher **别名：** 喜鹊翠、秦椒嘴、大翠鸟、山立鸟、黑帽鱼狗、黑顶翠鸟

蓝翡翠©沈惠明

野外识别特征 | 体长26～31厘米。羽色以蓝色、白色及黑色为主；头顶黑色，颈部具一宽的白色领环，上体蓝色，翼上覆羽黑色，颏、喉白色，其余下体棕黄色，嘴、脚红色。

生态习性 | 主要栖息于林中溪流、山脚及平原地带的河流、水塘和沼泽等。常单独活动。主要以小鱼、虾、蟹、水生昆虫、蛙等动物性食物为食。繁殖期5～7月，营巢于水岸土壁。掘洞为巢，末端扩大为巢室，直接产卵在地上。

保护现状 | IUCN-LC、红色名录-LC、“三有”

S 5～7月 罕 水库支流

蓝翡翠多停栖在河边树桩、岩石上，或悬浮空中，静视着水面，一见水中猎物出现，立即迅猛地扎入水中捕捉，通常将猎物带回栖息地，在树枝上或石头上摔打，待猎物死后，再整条吞食[12]。

84．普通翠鸟 *Alcedo atthis*

英文名： Common Kingfisher　**别名：** 翠鸟、钓鱼郎、小翠、鱼虎、鱼狗、打鱼郎、鱼翠

普通翠鸟（雄）©陈东升

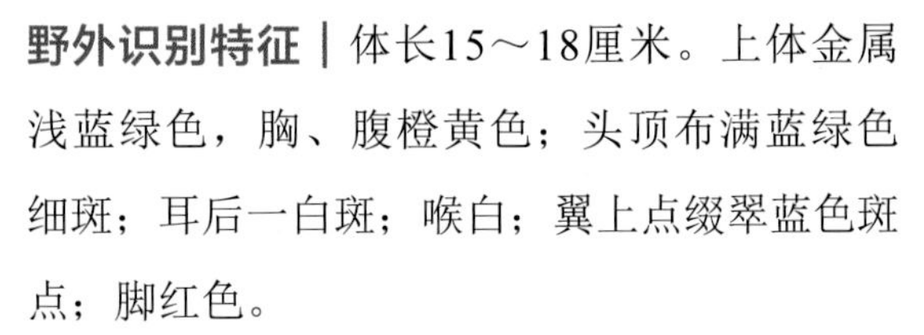

野外识别特征 | 体长15～18厘米。上体金属浅蓝绿色，胸、腹橙黄色；头顶布满蓝绿色细斑；耳后一白斑；喉白；翼上点缀翠蓝色斑点；脚红色。

生态习性 | 主要栖息于山溪、平原河谷、库塘或水田岸边。常单独活动。主要以小鱼为食。繁殖期5～8月，营巢于水岸或附近的土坎、岩壁。掘洞为巢，呈隧道状，深50～70厘米，洞末端扩大为巢，巢内仅有松软沙土。

保护现状 | IUCN-LC、红色名录-LC、“三有”

R 常　1～12月
小车河水域、小微湿地、金山湿地、水库支流、其他水域

普通翠鸟（雌）©柯晓聪

大部分鸟类可以通过羽毛来辨别雌雄，而普通翠鸟则是通过上下喙的颜色来分辨，雄鸟上下喙均为黑色，雌鸟上喙黑色，下喙红色。此外，传统工艺“点翠”中使用的羽毛就来源于翠鸟[44]，不过现在禁止使用野生翠鸟羽毛，已用鹅毛、丝带等多种材质替代。

普通翠鸟（雌）©张海波

十六 啄木鸟目
PICIFORMES

斑姬啄木鸟

Picumnus innominatus

85. 大拟啄木鸟 *Psilopogon virens*

英文名： Great Barbet **别名：** 大拟䴕

野外识别特征 | 体长30～34厘米。嘴大而粗厚，具象牙色或淡黄色；头、颈和喉暗蓝色，背、肩暗绿褐色，其余上体草绿色，尾下覆羽红色。

生态习性 | 主要栖息于低、中山常绿阔叶林和针阔混交林。常单独或成对活动。主要以植物花、果和种子为食，繁殖期也吃昆虫。繁殖期4～8月，营巢于山地森林的树上。多凿树洞为巢，有时也利用天然树洞。

R 1～12月
稀 南郊、小车河沿岸、凯龙寨、其他林区

保护现状 | IUCN-LC、红色名录-LC、“三有”

大拟啄木鸟©张卫民

大拟啄木鸟叫声凄厉，观鸟爱好者们描述其“哎哟…哎哟…”的叫声听上去就像是被活剥皮一样凄惨。

86. 黑眉拟啄木鸟 *Psilopogon faber*

英文名：Chinese Barbet　**别名**：五色鸟

野外识别特征｜体长20～25厘米。头部有黑、蓝、黄、红四色。黑色眉纹粗显，两颊蓝色，喉及头顶黄色，前颈两侧各有一块鲜红色斑；后颈、背、腰和尾绿色。

生态习性｜主要栖息于常绿阔叶林和次生林中。常单独或成小群活动。不爱动，飞行笨拙，只能短距离飞行。主要以植物果实、种子为食，也吃少量昆虫等动物性食物。繁殖期4～6月，营巢于树洞中。

保护现状｜IUCN-LC、红色名录-LC、“三有”

R 1～12月
罕 凯龙寨、其他林区

黑眉拟啄木鸟体羽色彩艳丽，具有较高的观赏价值[12]，但由于其种群数量稀少，在阿哈湖湿地极罕见。

黑眉拟啄木鸟©匡中帆

87．蚁䴕 *Jynx torquilla*

英文名：Eurasian wryneck　**别名：**蛇颈鸟、蛇皮鸟

野外识别特征｜体长16～19厘米。上体银灰色，体羽斑驳杂乱；两翼和尾锈色，具黑色和灰色横斑和斑点；枕、后颈至上背具粗阔的黑色纵纹；下体赭灰色，具暗色小横斑。

生态习性｜主要栖息于阔叶林、针阔混交林，也出现在针叶林、林缘灌丛、河谷、田边和果园等。常单独活动，繁殖期成对活动。主要以蚂蚁、蚁卵和蚁蛹为食。繁殖期5～7月，营巢于树洞、啄木鸟废弃洞巢、天然洞穴或建筑物空心水泥柱中。

保护现状｜IUCN-LC、红色名录-LC、“三有”

W 10月至翌年2月
稀 金山湿地

蚁䴕©沈惠明

与其他啄木鸟不同，蚁䴕栖于树枝而不攀树，也不凿树取食。它的舌头很长，是体长的一半左右，具钩端及黏液，可伸入树洞或蚁巢中取食[12]。

88. 斑姬啄木鸟 *Picumnus innominatus*

英文名：Speckled Piculet　**别名**：姬啄木鸟、小啄木鸟

斑姬啄木鸟©张海波

野外识别特征 | 体长9～10厘米。上体橄榄绿色。雄鸟头顶橙红色，头侧眼睛上下各有一条醒目的白色纵纹；下体乳白色，具显著的黑色斑点。雌鸟与雄鸟相似，但头顶前部不缀橙红色。

生态习性 | 主要栖于低山丘陵、山脚平原的常绿或落叶阔叶林中，或中山混交林和针叶林地带，尤喜开阔疏林、竹林和林缘灌丛。常单独活动，多在地上或树上觅食，较少在树上攀援。主要以蚂蚁、甲虫等昆虫为食。繁殖期4～7月，营巢于树洞中。

保护现状 | IUCN-LC、红色名录-LC、“三有”

R 1～12月
稀 南郊、小车河沿岸、凯龙寨、其他林区

目前，斑姬啄木鸟是姬啄木鸟属中唯一一种分布于中国境内的鸟类，其个体很小，仅稍大于白眉棕啄木鸟（*Sasia ochracea*）（约9厘米）[36]。

89. 棕腹啄木鸟 *Dendrocopos hyperythrus*

英文名：Rufous-bellied Woodpecker　**别名**：花背锛打木

棕腹啄木鸟（雌）©王进

棕腹啄木鸟（雄）©沈惠明

野外识别特征｜体长18～24厘米。雄鸟头顶至后颈深红色，雌鸟头顶黑色而具白色斑点；颊白色；肩、背和腰黑色而具白色横斑；两翼黑色而具白色横斑；尾下覆羽红色；下体棕色。

生态习性｜主要栖息于山地针叶林、针阔混交林中，有时也出现在次生阔叶林和林缘地带。常单独活动。主要以昆虫为食，偶尔也吃植物果实。繁殖期4～6月，营巢于腐朽或半腐朽的树洞中。

保护现状｜IUCN-LC、红色名录-LC、“三有”

P 5～7月　稀 小车河沿岸

在阿哈湖湿地“木兰林语”景点的乔木上，常能看到棕腹啄木鸟的身影。作为亚洲唯一已知吸食树胶的物种，在喜马拉雅地区，它可以作为优质栎林的指示物种之一。但近些年它们的栖息地遭到了严重破坏，应当加强保护[45]。

90. 星头啄木鸟 *Dendrocopos canicapillus*

英文名： Grey-capped Woodpecker　**别名：** 北啄木鸟、红星啄木鸟

野外识别特征 | 体长14～18厘米。额至头顶灰色或灰褐色，一道宽的白色眉纹自眼后延伸至颈侧，上体黑色，下背至腰和两翼呈黑白斑杂状，下体具粗著的黑色纵纹。雄鸟枕部两侧各有一深色红斑，而雌鸟无。

生态习性 | 主要栖息于阔叶林、针阔叶混交林和针叶林中。常单独或成对活动。主要以昆虫为食，偶尔吃植物果实和种子。繁殖期4～6月，营巢于腐朽树干上。巢较高，内无垫物。

保护现状 | IUCN-LC、红色名录-LC、“三有”

星头啄木鸟©张海波

星头啄木鸟©张海波

R　1～12月　稀　小车河沿岸

国内关于星头啄木鸟的繁殖习性研究早在1978年就开展了，研究结果表明，星头啄木鸟喜生活在茂林边缘，通风向阳、偏僻幽静且干扰较少的地区，啄食大量的林木害虫，具有重要生态价值[46]。

91. 大斑啄木鸟 *Dendrocopos major*

英文名： Great Spotted Woodpecker **别名：** 赤䴕、白花啄木鸟、啄木冠、斑啄木鸟、花啄木

R 1～12月
稀 南郊、小车河沿岸

野外识别特征 | 体长20～25厘米。上体主要为黑色，额、颊和耳羽白色，肩和翅上各有一块大的白斑；尾黑色；下体污白色，无斑。

生态习性 | 主要栖息于针叶林、阔叶林和针阔混交林中。常单独或成对活动。主要以昆虫、蜗牛等动物性食物为食，偶尔吃植物性食物。繁殖期4～5月，营巢于腐朽树干或粗侧枝树洞中。每年都凿新洞，巢内仅垫少许木屑。

保护现状 | IUCN-LC、红色名录-LC、"三有"

以光肩星天牛（*Anoplophora glabripennis*）为主的杨树天牛是我国北方地区杨树林中最重要的害虫之一，大斑啄木鸟作为其重要的捕食性天敌，一定程度上抑制了杨树天牛的发生和危害[47]。

大斑啄木鸟©张海波

大斑啄木鸟©张海波

92. 灰头绿啄木鸟 *Picus canus*

英文名：Grey-headed Woodpecker　**别名**：黑枕绿啄木鸟、灰头啄木鸟、啄木倌、绿啄木鸟、山啄木、火老鸦

灰头绿啄木鸟©柯晓聪

野外识别特征 | 体长26～33厘米。雄鸟额基灰色，头顶朱红色，雌鸟头顶黑色，眼先和颚纹黑色，后顶和枕部灰色，背部及下体灰绿色至橄榄绿色。

生态习性 | 主要栖息于低山阔叶林和混交林。常单独或成对活动。主要以蚂蚁、天牛幼虫等昆虫为食，偶尔也吃果实和种子。常在树干中下部取食。繁殖期4～6月，营巢于腐朽的阔叶树洞中，一般不用旧巢。巢内无垫物。

保护现状 | IUCN-LC、红色名录-LC、“三有”

灰头绿啄木鸟（雄）©孟宪伟

R 1～12月
稀 南郊、小车河沿岸、凯龙寨、其他林区

分布于阿哈湖湿地公园的8种啄木鸟中，灰头绿啄木鸟是种群数量最多且最容易观察到的种类，经常能在高大乔木的树干上看到它们攀爬的身影，或听到它们极具辨识性的鸣声。

灰头绿啄木鸟（雌）©匡中帆

十七 隼形目

FALCONIFORMES

红隼

Falco tinnunculus

93．红隼 *Falco tinnunculus*

英文名：Common Kestrel　**别名：**茶隼、红鹰、黄鹰、红鹞子

野外识别特征｜体长31～38厘米。翅狭长而尖，尾较长。雄鸟头蓝灰色，尾蓝灰无横斑，背和翅上覆羽砖红色，具三角形黑斑，下体棕黄色具黑褐色纵纹和斑点，眼下一条垂直向下的黑色髭纹。雌鸟略大，上体全褐，比雄鸟少赤褐色而多粗横斑。

生态习性｜主要栖息于林缘、林间空地、疏林、河谷和农田地带。主要以昆虫为食，也吃小型脊椎动物。繁殖期5～7月，营巢于悬崖、石缝、土洞、树洞或其他旧洞巢中。巢简陋，由枯枝、草茎、落叶和羽毛组成。

保护现状｜国家二级、附录Ⅱ、IUCN-LC、红色名录-LC

R 1～12月　稀 其他林区

红隼（雄）©李毅

红隼（雌）©柯晓聪

红隼是贵阳城市环境中常能看到的小型猛禽，善于悬停空中，低头搜索地面的猎物，大大提高了狩猎场的利用率，因此也被称为“风摇曳”[48]。

94. 红脚隼 *Falco amurensis*

英文名：Red-footed Falcon　**别名**：阿穆尔隼、白指甲鹞、红腿穴隼、青燕子、青鹰、黑花鹞、红腿鹞子

红脚隼（雌）©向定乾

野外识别特征 | 体长25～30厘米。雄鸟通体暗石板灰黑色，尾和翼灰色、无横斑，尾下覆羽和覆腿羽橙棕栗色，眼周、蜡膜和脚红色。雌鸟上体暗灰色，具黑色横斑；胸具黑褐色纵纹，腹具褐色横斑。

生态习性 | 主要栖息于低山疏林、林缘、山脚平原和丘陵地区的沼泽、草地等开阔地区。常单独活动。主要以昆虫为食，也吃小鸟等小型脊椎动物。繁殖期5～7月，营巢于高大乔木，有时也侵占其他鸟巢。巢主要由干树枝构成。

保护现状 | 国家二级、附录Ⅱ、IUCN-LC、红色名录-LC

红脚隼（雄）©柯晓聪

W 10月至翌年2月
稀 其他林区

《中国鸟类分类与分布名录（第三版）》将我国过去所称的“红脚隼（*Falco vespertinus*）”分为两个种，其中一个就是国内广泛分布的*F. amurensis*，另一个种是仅分布于新疆的*F. vespertinus*，即西红脚隼[13]。

95. 燕隼 *Falco subbuteo*

英文名：Eurasian Hobby **别名：**青条子、土鹘、儿隼、蚂蚱鹰、虫鹞、青尖

野外识别特征 | 体长29～35厘米。上体暗蓝灰色，眼周黄色，具细的白色眉纹，颊部有一垂直向下的黑色髭纹，颈侧、喉、胸、腹白色；胸、腹有黑色纵纹，下腹至尾下覆羽、覆腿羽棕栗色，脚黄色。

生态习性 | 主要栖息于开阔的稀树平原、耕地、林缘及村寨附近等。常单独或成对活动。主要以小鸟和昆虫为食，偶尔捕捉蝙蝠。繁殖期5～7月，营巢于高大乔木上，很少自己营巢，常侵占乌鸦和喜鹊的巢。

保护现状 | 国家二级、附录Ⅱ、IUCN-LC、红色名录-LC

S 5～7月 罕 其他林区

燕隼是2014年“大学生掏鸟案”涉及的物种，根据《中华人民共和国刑法》第三百四十一条规定，犯“非法猎捕、杀害珍贵、濒危野生动物罪”的，最高可处十年以上有期徒刑。

燕隼©胡灿实

96．游隼 *Falco peregrinus*

英文名：Peregrine Falcon　**别名**：鸭虎、花梨鹰、东方游鹰

游隼©董文晓

野外识别特征｜体长41～50厘米。头顶至后颈暗蓝灰色至黑色，其余上体蓝灰色；眼周黄色，颊有一粗显的垂直向下的黑色髭纹；翼长而尖；尾具数条黑色横斑；下体白色；上胸有黑色细斑点，下胸至尾下覆羽密被黑色横斑。

生态习性｜主要栖息于山地丘陵、旷野、农田、耕地等。多单独活动。主要以野鸭、鸥和小型鸡类等为食，偶尔也吃小型哺乳动物。繁殖期4～6月，营巢于树洞、悬崖、土丘、沼泽、建筑物或其他旧巢。巢主要由枯枝、草茎、草叶和羽毛构成。

保护现状｜国家二级、附录I、IUCN-LC、红色名录-NT

W 10月至翌年2月
罕 其他林区

成年游隼捕食速度极快，可达到320千米/小时，可称为“速度之王”，但严格来讲，这个速度不是“飞”出来的，而是凭借体形优势“俯冲”实现的[49]。

游隼©王进

十八 雀形目

PASSERIFORMES

红嘴相思鸟

Leiothrix lutea

97. 黑枕黄鹂 *Oriolus chinensis*

英文名：Black-naped Oriole **别名：**黄鹂、黄鸹鹱、黄老鸹、黄莺、黄鸟

野外识别特征 | 体长23～27厘米。整体金黄色，两翼和尾黑色；枕部有一宽阔的黑色带斑，并向两侧延伸和黑色贯眼纹相连，形成一条围绕头顶的黑带。

生态习性 | 主要栖息于阔叶林、混交林。常单独或成对活动。主要以昆虫为食，也吃少量植物果实与种子。繁殖期5～7月，营巢于高大乔木上。巢呈吊篮状，主要由枯草、树皮纤维、麻等构成。

保护现状 | IUCN-LC、红色名录-LC、“三有”

S 5～7月
稀 小车河沿岸、其他林区

研究表明，树冠盖度、胸径、乔木密度和乔木高度是影响黑枕黄鹂巢址选择的重要生态因素[50]。

黑枕黄鹂©王进

98. 暗灰鹃鵙 *Lalage melaschistos*

英文名：Black-winged Cuckoo-shrike　**别名：**平尾龙眼燕、黑翅山椒鸟、暗灰鸣鹃鵙

野外识别特征｜体长20～24厘米。上体暗灰色或黑灰色，飞羽和尾深黑色，微具金属绿色光泽；下体蓝灰色，雌鸟下体有不明显的横斑，白色眼圈不完整。

生态习性｜主要栖息于山脚平原和低山次生阔叶林、针阔混交林及林缘。常单独或成对活动。主要以昆虫为食。繁殖期5～7月，营巢于高大乔木的冠层。巢隐蔽，以枯草茎叶或细根构成，内垫柔软的细草茎，外壁敷以苔藓伪装。

保护现状｜IUCN-LC、红色名录-LC、“三有”

S 5～7月
稀 小车河沿岸、其他林区

暗灰鹃鵙主要以昆虫为食，对农林业较为有益，但种群数量稀少，在阿哈湖湿地范围内也不易观察到，应注意保护[51]。

暗灰鹃鵙（雄）©王进

99. 粉红山椒鸟 *Pericrocotus roseus*

英文名：Rosy Minivet　**别名**：小灰十字鸟

野外识别特征｜体长17～20厘米。前额白色，头顶至背灰色或灰褐色，颏、喉白色或淡粉白色。雄鸟腰和尾上覆羽粉红色，两翼灰褐具赤红翼斑，胸、腹粉红色，中央尾羽黑色，外侧尾羽红色。雌鸟总体偏浅黄色。

生态习性｜主要栖息于山地次生阔叶林、混交林和针叶林中。常成群活动。主要以昆虫为食，也吃果实、种子等植物性食物。繁殖期4～7月，营巢于乔木侧枝或树杈上，巢由细草茎、草根及其他柔软材料构成，外壁常敷地衣和苔藓作为伪装。

保护现状｜IUCN-LC、红色名录-LC、“三有”

粉红山椒鸟（雄）©张海波

S 5～7月
常 小车河沿岸、其他林区

粉红山椒鸟是阿哈湖湿地范围内分布数量最多的山椒鸟，每当繁殖季到来，在小车河沿岸的乔木上层，常能看到它们成群追逐的身影。

粉红山椒鸟（雌）©向定乾

100．小灰山椒鸟 *Pericrocotus cantonensis*

英文名：Swinhoe's Minivet **别名**：粉红山椒鸟、粉红十字鸟

S 4～7月
稀 小车河沿岸、其他林区

野外识别特征｜体长16～20厘米。上体深灰色，额基、头顶前部白色，腰、尾上覆羽沙褐色；中央尾羽黑褐色，其余尾羽白色；翼上具白色或黄白色翼斑，下体亦为白色。雌鸟褐色较浓，有时无白色翼斑。

生态习性｜主要栖息于低山丘陵和山脚平原的阔叶林、混交林或针叶林中。常成群活动。主要以鞘翅目、鳞翅目等昆虫为食。繁殖期4～7月，营巢于松树或其他高大乔木树上，巢主要由草茎、草叶、细根、松针等构成，外敷苔藓、地衣等作为伪装。

保护现状｜IUCN-LC、红色名录-LC、“三有”

小灰山椒鸟的领域性弱，但育雏期间护雏性强，对进入巢周围的鸟类直接攻击。育雏期19～20天，雌雄亲鸟均清理巢内垃圾，卵壳衔于巢外，雏鸟粪便由亲鸟吃掉。育雏最后一天，亲鸟有带飞行为，雏鸟出巢后再未归巢[52]。

小灰山椒鸟©张海波

小灰山椒鸟©张海波

小灰山椒鸟©张海波

101．灰山椒鸟 *Pericrocotus divaricatus*

英文名：Ashy Minivet　**别名**：十字鸟、呆鸟

8～10月
稀 小车河沿岸、其他林区

野外识别特征｜体长18～20厘米。上体灰色，两翼、尾黑色，具白色翼斑，尾羽外侧白色，前额、头顶前部、颈侧和下体均为白色，具黑色贯眼纹。雄鸟头顶至后枕部及过眼纹黑色。雌鸟似雄鸟，但黑色部分为灰色。

生态习性｜主要栖息于阔叶林和针阔叶混交林中。多成群活动于树冠层。主要以昆虫为食。繁殖期5～7月，营巢于高大乔木侧枝上。巢呈碗状，主要由枯草、细枝、树皮、苔藓、地衣等构成。巢隐蔽，周围多有浓密的枝叶掩盖。

保护现状｜IUCN-LC、红色名录-LC、“三有”

该种与小灰山椒鸟相似，但小灰山椒体型稍小，腰和尾上覆羽沙褐色，与背不同色，上体也较暗，下体胸和体侧沾有褐灰色[1]。

灰山椒鸟（雌）©王进

灰山椒鸟（雄）©柯晓聪

102．短嘴山椒鸟 *Pericrocotus brevirostris*

英文名： Short-billed Minivet

野外识别特征｜ 体长17～20厘米。雄鸟喉、从头至背黑色，腰、尾上覆羽赤红色，黑色翼上具红色翼斑，中央尾羽黑色，尾羽外侧红色，其余下体赤红色。雌鸟头、背灰色，额、喉、胸和腹部黄色，具黄色翼斑。

生态习性｜ 主要栖息于山地常绿阔叶林、落叶阔叶林、针阔混交林、针叶林等各类森林中。常成对或小群活动在高大的树冠层。主要以昆虫为食。繁殖期5～7月，营巢于树木侧枝上。巢由细枝、草茎、草根、纤维等构成，外壁以苔藓、地衣等伪装。

保护现状｜ IUCN-LC、红色名录- LC、“三有”

短嘴山椒鸟（雌）©西南山地　巫嘉伟

S 5～7月
稀 小车河沿岸、其他林区

短嘴山椒鸟在缅甸、泰国西北部、老挝和越南北部较常见，在中国不常见。由于栖息地的丧失和高捕猎压力，种群数量正在下降，应注意保护[53]。

短嘴山椒鸟（雄）©匡中帆

103．黑卷尾 *Dicrurus macrocercus*

英文名：Black Drongo **别名：**黑黎鸡、扎格朗、铁燕子、黑乌秋、黑鱼尾燕、龙尾燕、黑鱼尾燕

黑卷尾（成鸟）©沈惠明

黑卷尾（亚成鸟）©张明明

野外识别特征｜体长27～31厘米。成鸟整体黑色，并具蓝黑色辉光，尾长而分叉，分叉末端略上卷。亚成鸟下胸及腹部具细白斑。

生态习性｜主要栖息于低山丘陵和山脚平原的丛林、竹林及稀疏草坡等。常成群活动。主要以甲虫、蜻蜓等昆虫为食。繁殖期6～7月，营巢于阔叶树上。巢由草茎、草根、花穗等构成，外被植物纤维、棉花和蛛丝等胶织物，内垫细软草根。

保护现状｜IUCN-LC、红色名录-LC、“三有”

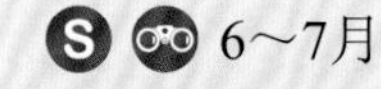

S 6～7月
稀 南郊、小车河沿岸、其他林区

研究表明，影响黑卷尾巢址选择的主要是巢树因素和灌木因素，巢向、乔木因子是次要因素[54]。

104. 灰卷尾 *Dicrurus leucophaeus*

英文名：Ashy Drongo **别名：**灰黎鸡、铁灵夹、白颊卷尾、灰龙尾燕、白颊乌秋、铁灵甲

野外识别特征｜体长23～30厘米。整体灰色，前额、眼先及颏部黑色，眼周部分白色，其余体羽大致灰色。尾长而分叉，分叉末端略上卷，但不如黑卷尾明显。

生态习性｜主要栖息于低山丘陵和山脚平原地带的疏林及次生阔叶林中。多成对活动。主要以蚂蚁、蜂等昆虫为食，也吃草籽和果实等。繁殖期4～7月，营巢于乔木冠层，呈浅杯状，主要由细枝、草根、草茎等构成，外壁夹杂地衣、苔藓等，内垫细草茎和须根。

保护现状｜IUCN-LC、红色名录-LC、“三有”

S 4～7月
稀 南郊、小车河沿岸、其他林区

灰卷尾喜欢停栖在显眼或暴露的高大的阔叶树冠上，窥探四周猎物的活动，一旦机会到来，便会快速朝下飞去捕猎，飞行时可自由翻腾，猎捕后反转向上飞回原处[51]。

灰卷尾©匡中帆

105. 发冠卷尾 *Dicrurus hottentottus*

英文名：Hair-crested Drongo **别名：**卷尾燕、山黎鸡、大鱼尾燕、黑嘎、黑铁练甲

S 5～7月
稀 南郊、小车河沿岸、其他林区

野外识别特征｜体长28～35厘米。整体黑色，缀蓝绿色金属光泽，额部具发丝状羽冠，外侧尾羽末端向上卷曲，形似竖琴。

生态习性｜主要栖息于低山丘陵和山脚沟谷地带的常绿阔叶林、次生林或人工松林中。单独或成对活动。主要以昆虫为食。繁殖期5～7月，营巢于高大乔木顶端枝杈上，巢主要由枯草茎、叶、须根、细枝、兽毛等构成，多数无内垫物，少数垫少许羽毛和兽毛。

保护现状｜IUCN-LC、红色名录-LC、“三有”

发冠卷尾被认为是雌雄同态，在野外难以分辨性别，有学者研究了河南董寨保护区内79只已用分子生物学方法鉴定出性别的发冠卷尾在形态量度上的性别差异，以此构建判别式方程，用于鉴定其性别[55]。

发冠卷尾©韦铭

106. 寿带 *Terpsiphone incei*

英文名：Amur Paradise-Flycatcher　**别名**：寿带鸟、绶带、白带子、长尾巴练、长尾翁、紫长尾、紫带子

寿带（雄）（白色型）©王进

寿带（雌）©张海波

野外识别特征 | 雄鸟体长35～49厘米，雌鸟体长17～21厘米。头呈蓝黑色，具显著冠羽，雄鸟两枚中间尾羽特别长。羽色有栗色和白色型，栗色型上体栗棕色，额、喉、头、颈和羽冠均为蓝黑色；白色型的两翼和尾为白色。雌鸟与栗色型雄鸟相似，但尾不延长。

生态习性 | 主要栖息于常绿落叶阔叶林、次生林、林缘疏林与竹林中。主要以昆虫为食。繁殖期5～7月，营巢于阔叶树和竹林上，巢呈倒圆锥形，外壁以植物花序、苔藓、羽毛、蛛丝等编织而成，内垫细草根、草叶、草茎、苔藓等。

保护现状 | IUCN-LC、红色名录-NT、“三有”

S 5～7月
罕 南郊、其他林区

鸟类的不同鸣声与各种行为活动有关，每种鸣声都具有一定的生物学意义。寿带在繁殖期的鸣声复杂多变，目的是为了有效地提高繁殖成功率和预防天敌[56]。

寿带（雄）（栗色型）©匡中帆

107. 虎纹伯劳 *Lanius tigrinus*

英文名：Tiger Shrike　**别名：**花伯劳、虎伯劳、虎鸡、粗嘴伯劳

野外识别特征 | 体长16～19厘米。雄鸟额基、眼先和宽阔的贯眼纹黑色；前额、头顶至后颈蓝灰色；上体余部包括肩羽及翅上覆羽栗红色，杂以黑色波状横斑；下体纯白色，两肋略沾蓝灰色。雌鸟似雄鸟，但过眼纹灰黑色，白色眉纹不甚清晰，胸、腹多褐色鳞状斑。

生态习性 | 主要栖息于开阔的次生阔叶林、灌丛和林缘地带等。主要以昆虫为食，也食小鸟、蜥蜴等。繁殖期5～7月，营巢于小树或灌丛中。巢主要由枯草茎、枯草叶、细枝和树皮纤维构成，内垫苔藓或兽毛。

保护现状 | IUCN-LC、红色名录-LC、“三有”

R 1～12月
常 南郊、其他林区

伯劳的嘴粗壮，具有缺刻和钩，跗蹠强健有力，尽管不是猛禽，却异常凶猛，常捕食其他动物，并将猎物插在尖锐的物体上，用嘴剖开猎物[51]。

虎纹伯劳（雄）©张海波

虎纹伯劳（雌）©张海波

108. 红尾伯劳 *Lanius cristatus*

英文名：Brown Shrike **别名：**褐伯劳、土虎伯劳、花虎伯劳、小伯劳、胡不拉

野外识别特征 | 体长18～22厘米。雄鸟头顶至后颈灰色或棕红色，较宽的过眼纹黑色，眉纹白色；颊、颏、喉白；胸、腹白色或淡棕色，两胁略带橘色；两翼近黑色，尾羽红褐色。雌鸟似雄鸟，但羽色较淡，过眼纹深褐色。

P 5～7月
稀 南郊、其他林区

生态习性 | 主要栖息于低山丘陵和山脚平原的灌丛、疏林和林缘地带。主要以昆虫等动物性食物为食，也吃少量草籽。繁殖期5～7月，营巢于乔木林或林缘灌丛中。巢呈杯状，由枯草茎、叶、细枝构成，内垫植物纤维和羽毛等。

保护现状 | IUCN-LC、红色名录-LC、“三有”

红尾伯劳常在较固定的地点停栖，环顾四周以猎捕地表的小动物，该猎点的这一段较粗树枝的树皮会被剥光，并用树皮纤维筑巢。其幼鸟具有将食物（肉条）挂在笼内尖刺物上撕食的本能[51]。

红尾伯劳（雌）©柯晓聪

红尾伯劳（雄）©张海波

红尾伯劳（雄）©柯晓聪

红尾伯劳（雄）©张海波

109．棕背伯劳 *Lanius schach*

英文名：Long-tailed Shrike　**别名**：海南鵙、大红背伯劳、黄伯劳、长尾伯劳

野外识别特征｜体长23～28厘米。额、贯眼纹及两翼黑色，具白色翼斑；头顶至后颈灰色，背棕红色；尾长、黑色，外侧尾羽皮黄褐色；颏、喉白色，其余下体棕白色。雌鸟似雄鸟，但过眼纹较窄，颜色略浅。

R 1～12月
常 南郊、小车河沿岸、宣教中心、小微湿地、其他林区

生态习性｜主要栖息于低山丘陵和山脚平原的阔叶林、混交林及灌丛中。主要以昆虫、蛙等动物性食物为食。繁殖期4～7月，营巢于乔木或高灌木。巢呈碗状或杯状，常就地取材，主要由细枝、枯草茎、叶及其他植物纤维构成，内垫细软棕丝和草茎、须根。

保护现状｜IUCN-LC、红色名录-LC、“三有”

棕背伯劳©张海波

棕背伯劳©张海波

棕背伯劳（亚成鸟）©张海波

黑素皮质素受体1（melanocortin-1 receptor，MC1R）基因是控制动物黑色素合成的重要基因，鸟类羽色的变异与该基因的变异密切相关。棕背伯劳在我国东部沿海多地存在羽色多态现象，有棕色型、黑色型和黑色白边型，研究推测，它们的黑化与MC1R基因碱基片段的缺失密切相关[57]。

110．松鸦 *Garrulus glandarius*

英文名：Eurasian Jay　**别名：**沙和尚、山和尚、橿鸟

野外识别特征 | 体长28～35厘米。整体偏粉色，羽毛蓬松呈绒毛状；口角至喉侧有一条粗而显著的黑色颊纹；两翼黑色具白斑，具辉亮的黑、白、蓝三色相间的横斑。

生态习性 | 主要栖息在针叶林、阔叶林、混交林等。除繁殖期外多成对或小群活动。主要以昆虫为食，也吃蜘蛛、鸟卵、雏鸟、植物果实与种子。繁殖期4～7月，营巢于乔木树上。巢呈杯状，主要由枯枝、枯草、细根和苔藓等构成，内垫细草根和羽毛。

保护现状 | IUCN-LC、红色名录-LC

R　1～12月
稀　小车河沿岸、其他林区

松鸦©张海波

松鸦在植物种子传播方面发挥着重要作用。它们会把食物储存起来，以备将来食用，并能记住它们看到的其他鸟类储存食物的地点。而他们自己会选择在其他鸟类视野之外的地方储存种子，以减少被窃取的可能性[58]。

111. 灰喜鹊 *Cyanopica cyanus*

英文名：Azure-winged Magpie **别名：**山喜鹊、蓝鹊、蓝膀香鹊、长尾鹊、鸢喜鹊、长尾巴郎

灰喜鹊©匡中帆

R 1～12月
稀 金山湿地、其他林区

野外识别特征 | 体长32～40厘米。上体灰色为主，头顶、头侧至枕部为黑色，两翼天蓝色，下体灰褐色，尾较长呈天蓝色，两枚中央尾羽具白色端斑。

生态习性 | 主要栖息于开阔的松林、阔叶林、公园和城镇居民区。主要以昆虫等动物性食物为主，也吃植物果实、种子。繁殖期5～7月，营巢于次生林、人工林及行道树或利用旧巢。巢呈浅盘状或平台状，主要由细枝堆集而成，夹杂草茎、草叶，内垫苔草、树叶、树皮纤维、兽毛等。

保护现状 | IUCN-LC、红色名录-LC、“三有”

实验证明，灰喜鹊在拉绳取物、镜面测试、客体永久性测试三个经典认知实验中表现出了强大的探索能力和学习能力[59]。

112．红嘴蓝鹊 *Urocissa erythroryncha*

英文名： Red-billled Blue Magpie　**别名：** 赤尾山鸦、长尾山鹊、长尾巴练、长山鹊、山鹧、山岔

红嘴蓝鹊（成鸟）©张海波

野外识别特征｜体长53～68厘米。头黑而顶冠白；嘴、脚红色；上体和两翼为蓝灰色，下体白色；尾羽甚长，呈显著凸形，中央尾羽最长，具明显白色端斑。

生态习性｜主要栖息于常绿阔叶林、针叶林、针阔混交林、竹林、林缘疏林、灌丛等。多成群活动。善模仿其他鸟鸣。主要以昆虫、蜘蛛等动物性食物为食，也吃果实和种子。繁殖期5～7月，营巢于乔木侧枝或高大竹林。巢呈碗状，主要由枯枝、枯草、须根、苔藓等构成。

保护现状｜IUCN-LC、红色名录-LC、“三有”

R 1～12月

常 南郊、小车河沿岸、宣教中心、小微湿地、金山湿地、其他林区

唐代典籍、笔记、诗词、唐墓壁画和线刻画里留下了大量驯养鹦鹉的记录，此外，还有一种与人类关系亲密的鸟，其出镜率与鹦鹉旗鼓相当，那就是红嘴蓝鹊[60]。红嘴蓝鹊在阿哈湖湿地分布广泛，甚至在办公区的窗台上都能发现它们的活动。

红嘴蓝鹊（亚成鸟）©张海波

113．喜鹊 *Pica pica*

英文名：Common Magpie **别名：**普通喜鹊、欧亚喜鹊、客鹊、飞驳鸟、干鹊、鹊、神女

野外识别特征 | 体长38～48厘米。头、颈、背至尾均为黑色，且具有绿色、蓝色光泽，翼肩有大块白斑；尾较长，呈楔形；腹面以胸为界，前黑后白。

生态习性 | 主要栖息于山麓、林缘、耕地、村庄、城市公园等。除繁殖期成对活动外，多集群活动。食性杂，夏季主要以动物性食物为主，其他季节主要以植物性食物为食。繁殖期3～5月，营巢于高大乔木上。巢主要由枯枝构成，体积庞大，内垫草根、苔藓、兽毛和羽毛等柔软物质。

保护现状 | IUCN-LC、红色名录-LC、“三有”

R 1～12月
常 南郊、小车河沿岸、金山湿地、其他林区

喜鹊通过了有名的镜面自我认知/镜面测试（Mirror Self-Recognition，MSR），被证明具有较高的自我认知能力[59]。

喜鹊（亚成鸟）©张海波

喜鹊（成鸟）©张明明

114．方尾鹟 *Culicicapa ceylonensis*

英文名： Grey-headed Canary Flycatcher　**别名：** 灰头仙鹟

方尾鹟©贵州大学生物多样性与自然保护研究中心

方尾鹟©贵州大学生物多样性与自然保护研究中心

野外识别特征 | 体长11～13厘米。头顶具短羽冠，眼周灰色；整个头部、颈部及胸部皆为灰色，两翼、尾羽及下体余部均为黄绿色，其中腹部羽色略浅。

生态习性 | 主要栖息于常绿落叶阔叶林、竹林、混交林、林缘疏林及灌丛中。常单独或成对活动，有时也成小群。主要以昆虫为食。繁殖期5～8月，营巢于水岸边岩石或树枝上，巢主要由苔藓构成，杂少量植物种絮。

保护现状 | IUCN-LC、红色名录-LC

S 1～12月
稀 南郊、小车河沿岸、凯龙寨、其他林区

方尾鹟属于树栖性鸟类，多在树上和枝叶间活动和觅食，也常到林下、林缘灌丛或地上活动觅食，但更多的时候还是通过飞行捕食[51]，正如其英文名中“Flycatcher”一词所描述的那样。

115. 黄腹山雀 *Pardaliparus venustulus*

英文名：Yellow-bellied Tit　**别名**：采花鸟、黄豆崽、黄点儿

R 稀 1～12月
南郊、小车河沿岸、凯龙寨、其他林区

野外识别特征｜体长10～11厘米。雄鸟头和上背黑色，脸颊和后颈各具一白斑；翅上覆羽黑褐色，具两条白色翼斑；颏至上胸黑色，下胸至尾下覆羽黄色。雌鸟上体灰绿色，颏、喉、颊和耳羽灰白色，其余下体淡黄色。

生态习性｜主要栖息于山地森林，冬季多下到低山和山脚平原地带。主要以昆虫为食，也吃植物果实和种子。繁殖期成对或单独活动，其他时期多成群。繁殖期4～6月，营巢于天然树洞中，主要由苔藓、细软的草叶、草茎等构成，内垫兽毛等。

保护现状｜中国特有种、IUCN-LC、红色名录-LC、“三有”

黄腹山雀与绿背山雀相似，但绿背山雀体型较大，腹部有宽的黑色纵带，野外容易识别[1]。

黄腹山雀（雌）©张海波

黄腹山雀（雄）©张海波

116．大山雀 *Parus cinereus*

英文名：Cinereous Tit　**别名**：四喜、子黑、子伯、仔仔黑

大山雀（成鸟）©张海波

大山雀（亚成鸟）©张海波

野外识别特征｜体长13～15厘米。头黑色，两侧各有一大块白斑；上体蓝灰色，背部沾绿色；下体白色，胸、腹有一条粗的中央纵纹与喉、颊黑色相连。雌鸟似雄鸟，但下体黑色纵纹较细。

R 1～12月
常 南郊、小车河沿岸、宣教中心、小微湿地、其他林区

生态习性｜主要栖息于低山和山麓的阔叶林、针阔混交林、针叶林、果园等。繁殖期成对活动，其他时期集小群或单独活动。主要以昆虫为食，也吃少量植物。繁殖期4～8月，营巢于天然树洞、废弃巢洞或人工巢箱。巢呈杯状，外壁主要由苔藓、地衣和细草茎构成，内垫兽毛和羽毛。

保护现状｜IUCN-LC、红色名录-LC、“三有”

大山雀分布广、数量多，在阿哈湖湿地容易观察到，更是人工巢箱的常客。由于它们大量捕食森林害虫，在控制森林虫害发生方面具有重要意义[51]。

117. 绿背山雀 *Parus monticolus*

英文名：Green-backed Tit **别名：**青背山雀、丁丁拐、花脸雀

绿背山雀的巢与卵（人工巢箱）©张海波

野外识别特征 | 体长11～13厘米。头部除后颈、颊部及耳羽白色外，均为黑色，两颊的白斑近似三角形；背部黄绿色，两翼及尾羽黑色；一条黑色纵纹贯穿胸腹，与黑色的喉部相连；两胁黄绿色。

生态习性 | 夏季主要栖息于山地针叶林、混交林、阔叶林，冬季常下到低山和山脚平原的次生林、人工林、林缘灌丛。多集群活动。主要以昆虫为食，也吃少量植物性食物。繁殖期4～7月，营巢于天然树洞、墙壁、石缝或人工巢箱。巢主要由动物毛发构成，混杂少量苔藓和草茎。

保护现状 | IUCN-LC、红色名录-LC、“三有”

R 1～12月
常 南郊、小车河沿岸、宣教中心、小微湿地、其他林区

为了提高阿哈湖湿地合理利用区的鸟类多样性，我们利用人工巢箱改善了部分次级洞巢鸟的繁殖条件，其中，绿背山雀在人工巢箱中的入住率和繁殖成功率都较高，种群数量明显提高。

绿背山雀©胡灿实

绿背山雀©张海波

118. 小云雀 *Alauda gulgula*

英文名：Oriental Skylark **别名：**大鹨、天鹨、百灵、告天鸟、阿鹨、朝天柱

野外识别特征｜体长14～17厘米。上体沙棕色或棕褐色，具黑褐色纵纹，头上具一短的羽冠，当受惊时会明显竖起；下体白色或棕白色，胸棕色具黑褐色羽干纹。

生态习性｜主要栖息于开阔平原、草地、荒地、河边、沙滩及沿海平原地区。繁殖期成对活动，其他时期多成群。主要以植物性食物为食，也吃昆虫等动物性食物。繁殖期4～7月，营巢于草丛、树根等地面凹处，较隐蔽。巢主要由枯草茎、叶构成，内垫细草茎和须根。

保护现状｜IUCN-LC、红色名录-LC、“三有”

R 1～12月
罕 金山湿地、其他林区

小云雀英文名中的“Skylark”有向着/朝着天空的意思，是对其飞行状态的描述，小云雀飞行到一定高度时，稍稍浮翔，又疾飞而上，直入云霄，因此得名[51]。目前，在贵州少数地区还存在笼养小云雀的现象，这是应该被禁止的。

小云雀©张海波

小云雀©胡灿实

119．棕扇尾莺 *Cisticola juncidis*

英文名：Zitting Cisticola　**别名**：锦鸲

棕扇尾莺©董文晓

野外识别特征｜体长9～11厘米。上体栗棕色，具粗著的黑褐色羽干纹和棕白色短眉纹，颏、喉至下体白色，胸侧、两胁及尾下覆羽黄褐色；飞羽黑色具黄褐色边缘，尾羽深褐色具黑色次端斑及白色端斑。

生态习性｜主要栖息于低山丘陵和平原低地的灌丛、草丛、农田、沼泽等。繁殖期单独或成对活动，冬季多集小群。主要以昆虫为食，也吃草籽等。繁殖期4～7月，营巢于草丛中，巢主要由草叶、植物纤维、蛛丝等编织而成，内垫绒毛和柔软植物。

保护现状｜IUCN-LC、红色名录-LC

R 1～12月 罕 金山湿地

属名*Cisticola*的字首是由希腊文Kistos演变成*Cistus*，是一类灌木植物的属名，Cisti是借用该灌木的属名，Cola是“定居者”的意思，指该属鸟种喜好灌丛生境。种名*juncidis*是由拉丁文iuncus演变而来，是“芦苇”的意思，指该种偏好高草生境[61]。

120．山鹪莺 *Prinia crinigera*

英文名：Striated Prinia　**别名**：条纹鹪莺、褐山鹪莺

山鹪莺©张海波

山鹪莺©张海波

R 1～12月
罕 小车河沿岸、金山湿地

野外识别特征｜体长13～18厘米。上体灰褐并具黑色及深褐色纵纹；下体偏白，两胁、胸及尾下覆羽沾黄，胸部黑色纵纹明显；尾很长，凸形。非繁殖期褐色较重，胸部黑色较少。

生态习性｜主要栖息于低山山脚的草丛和灌丛中。常单独或成对活动。主要以昆虫为食。繁殖期4～7月，营巢于草丛的粗草茎上。巢呈椭圆形或圆形，巢外层主要由竹叶、茅草、苔藓和蛛丝等构成，内层由禾本科果穗、棕丝和兽毛等衬垫，巢非常隐蔽。

保护现状｜IUCN-LC、红色名录-LC

该种与纯色山鹪莺体形相似，但该种个体稍大，整体体羽偏深且多具褐色纵纹，喙色和鸣声也有明显差异，野外容易区分[1]。

121. 纯色山鹪莺 *Prinia inornata*

英文名：Plain Prinia **别名：**褐头鹪莺、纯色鹪莺

野外识别特征｜体长11～14厘米。夏羽整体偏棕色；具土黄色眉纹；眼先、颊、耳羽、喉至整个下体均为土黄色；尾下覆羽色略深；尾长，尾羽末端具淡色斑。非繁殖羽尾较长，上体红棕色，下体淡棕色。

生态习性｜主要栖息于低山丘陵、山脚平原地带的草地、灌丛、耕地、果园等。多集小群活动。主要以甲虫、蚂蚁等昆虫为食，也吃杂草种子等。繁殖期5～7月，营巢于草丛中。巢囊状，主要由纤维、植物种毛、叶片和蛛丝等构成。

R 1～12月
常 小车河沿岸、宣教中心、小微湿地、金山湿地

保护现状｜IUCN-LC、红色名录-LC

纯色山鹪莺©张海波

纯色山鹪莺在阿哈湖湿地较为常见，鸣叫时常会翘起尾羽。研究表明，它的尾羽在领域行为、鸣唱行为及其他生存行为中都具有重要作用[62]。

（三十六）苇莺科 Acrocephalidae

122．东方大苇莺 *Acrocephalus orientalis*

英文名：Oriental Reed Warbler　**别名：**苇串儿、呱呱唧、剖苇、麻喳喳

野外识别特征｜体长18～19厘米。上体棕褐色，具显著的皮黄色眉纹，嘴较粗短，飞羽暗褐色，具棕色羽缘，尾羽暗褐色；下体以白色为主，胸部具灰褐色纵纹。

生态习性｜主要栖息于湿地及附近的灌丛和湿草地中。常单独或成对活动。主要以昆虫为食。繁殖期5～7月，营巢于水边灌丛。巢呈深杯状，由植物茎、叶、穗等缠绕而成，内垫草叶、穗、兽毛等。

保护现状｜IUCN-LC、红色名录-LC

S　5～7月　稀　金山湿地

巢捕食是导致鸟类繁殖失败的重要因素之一。一种主要生长于沿海滩涂湿地的螃蟹（*Chiromantes dehaani*）对崇明芦苇湿地中的东方大苇莺和大杜鹃巢捕食，显著影响了两者的繁殖成效。显然，“盛产”螃蟹的崇明湿地可能变成了东方大苇莺和大杜鹃繁殖的“生态陷阱”，对它们的寄生系统产生不利影响[63]。

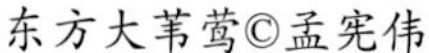
东方大苇莺©孟宪伟

东方大苇莺©张海波

123．家燕 *Hirundo rustica*

英文名：Barn Swallow **别名：**燕子、拙燕、观音燕

家燕©张海波

野外识别特征｜体长15～19厘米。前额、颏及喉部呈栗红色。头顶、头侧及上体余部为深蓝色，具金属光泽；上胸有一黑色横带；腹部及尾下覆羽白色；深蓝色尾羽深叉状，最外侧一对尾羽特长，飞行时较明显。

S 4～7月
常 南郊、小车河沿岸、宣教中心、小微湿地、金山湿地

生态习性｜主要栖息于人类居住的环境。常成对或成群活动。主要以昆虫为食。繁殖期4～7月。营巢于墙壁、屋檐下或横梁上。有用旧巢的习性。巢开口向上，呈平底小碗状，主要由泥、麻、线、枯草茎、草根及唾液构成，内垫柔软的植物纤维、羽毛和毛发等。

保护现状｜IUCN-LC、红色名录-LC、“三有”

从较大尺度上看，气候变化和农业集约化是影响家燕种群动态的主要因素，前者表现为气温和降水变化对巢材和食物的影响，后者导致食物资源和适宜巢址减少[64]。

124. 烟腹毛脚燕 *Delichon dasypus*

英文名： Asian House Martin **别名：** 石燕

野外识别特征 | 体长11～13厘米。上体蓝黑色具金属光泽，腰白色；尾呈叉状；下体烟灰白色；附蹠和趾被白色绒羽。

生态习性 | 主要栖于山地悬崖峭壁，或房舍、桥梁等人类建筑物上。常成群活动。主要以昆虫为食。繁殖期6～8月，营巢于悬崖峭壁石隙间、桥梁或房舍等建筑物上。巢由泥土、枯草混合成泥丸后堆砌而成，呈侧扁的长球形或半球形，一端开口，内垫枯草茎、叶、苔藓和羽毛。

保护现状 | IUCN-LC、红色名录-LC、“三有”

烟腹毛脚燕（巢）© 张海波

《中国鸟类志》中记载烟腹毛脚燕“或许一年繁殖2窝”，有学者于2004～2006年对该种的生态习性进行了观察研究，确认了它一年繁殖2窝的事实[65]。

烟腹毛脚燕©刘越强

125. 金腰燕 *Cecropis daurica*

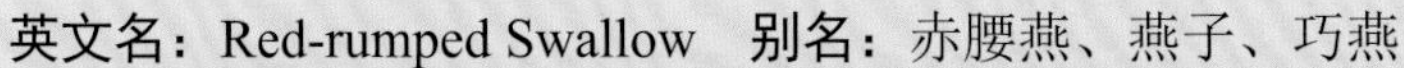

英文名：Red-rumped Swallow　**别名**：赤腰燕、燕子、巧燕

金腰燕©张海波

野外识别特征 | 体长16～20厘米。头顶、背部及翼上覆羽呈深蓝色，略具金属光泽；腰橙色或栗棕色；下体淡皮黄色，具黑色细纵纹；尾羽蓝黑色，深叉形。

生态习性 | 主要栖息于低山丘陵和平原地区的居民区。常成群活动。主要以飞行性昆虫为食。繁殖期4～9月，营巢于人类建筑物上。巢由泥土、植物纤维、草茎等堆砌而成，呈半个曲颈瓶状或葫芦状，巢内垫干草、破布、棉花、毛发、羽毛等柔软物。

保护现状 | IUCN-LC、红色名录-LC、“三有”

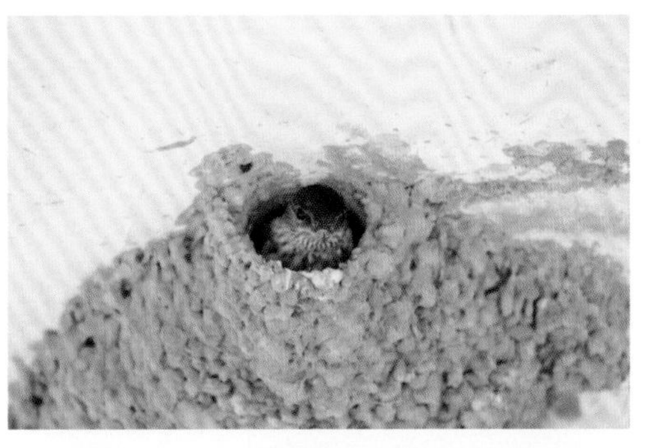

金腰燕（巢）©张海波

S 4～9月
常 南郊、小车河沿岸、宣教中心、小微湿地、金山湿地

家燕和金腰燕的巢在建筑物上都容易看到，都是典型的泥巢，但有所不同。家燕的巢呈碗状，上面是敞开的，而金腰燕的巢呈曲颈瓶状或葫芦状，在形似瓶颈的一侧就是出入口[51]。

126. 领雀嘴鹎 *Spizixos semitorques*

英文名：Collared Finchbill **别名：**绿鹦嘴鹎、羊头公、中国圆嘴布鲁布鲁、青冠雀、青菜拐

野外识别特征｜体长17～21厘米。整体以绿色为主；嘴短粗、黄色；额和头顶前部黑色，具白色颈环；胸、腹、背及两翼偏绿色；尾羽绿色具黑色端斑。

生态习性｜主要栖息于灌丛、稀树草坡、林缘疏林、常绿阔叶林等。常成群活动，有时也单独或成对活动。主要以植物性食物为食，也吃金龟子、象甲等昆虫。繁殖期5～7月，营巢于溪边或路边小树侧枝，巢由细枝、细藤条、草茎、草穗等构成，内垫细草茎、草叶、细根、草穗、棕丝等。

保护现状｜IUCN-LC、红色名录-LC、“三有”

R 1～12月
优 南郊、小车河沿岸、宣教中心、小微湿地、金山湿地、凯龙寨、其他林区

在贵州部分农村地区，每当蔬菜成熟时，领雀嘴鹎常成群飞往菜园取食菜叶，所以，该种在部分地区被称为“青菜拐”。

领雀嘴鹎©张海波

领雀嘴鹎©张海波

127．黄臀鹎 *Pycnonotus xanthorrhous*

英文名：Brown-breasted Bulbul **别名**：黑头鸫、冒天鼓

野外识别特征｜体长17～21厘米。额至头顶黑色，无羽冠或微具短而不明的羽冠；下嘴基部两侧各有一小红斑；上体土褐色或褐色；颏、喉白色，其余下体近白色；胸具灰褐色横带；尾下覆羽鲜黄色。

生态习性｜主要栖息于阔叶林、混交林、稀疏林地、灌丛等。多成群活动。主要以植物果实与种子为食，也吃昆虫等动物性食物。繁殖期4～7月，营巢于灌木、竹林或林中小树上。巢呈碗状，主要由细枯枝、草茎、草叶等构成，内垫细草茎等柔软物质。

保护现状｜IUCN-LC、红色名录-LC、“三有”

R 1～12月
优 南郊、小车河沿岸、宣教中心、小微湿地、金山湿地、凯龙寨、其他林区

黄臀鹎因为具有亮黄色的尾下羽而得名，是阿哈湖湿地的优势物种，广泛分布于森林、林缘、灌丛、耕地等各种生境中。

黄臀鹎（成鸟）©张海波

黄臀鹎（亚成鸟）©贵州大学生物多样性与自然保护研究中心

黄臀鹎（成鸟）©张海波

128. 白头鹎 *Pycnonotus sinensis*

英文名： Light-vented Bulbul　**别名：** 白头翁、白头婆、白头壳仔

白头鹎©贵州大学生物多样性与自然保护研究中心

野外识别特征 | 体长17～21厘米。额至头顶黑色，两眼上方至后枕白色，形成一白色枕环；背、腰大部分为灰绿色；翼、尾稍带黄绿色；颏，喉白色；胸灰褐色，腹白色具纵纹。

生态习性 | 主要栖息于低山丘陵和平原地区的乔木林、灌丛、草地、果园、竹林等。多成小群活动。杂食性。繁殖期4～8月，营巢于灌木、乔木或竹林。巢呈深杯状或碗状，由枯草茎、草叶、细枝、树叶、花序等构成。

保护现状 | IUCN-LC、红色名录-LC、“三有”

R 1～12月
常 小车河沿岸、宣教中心、小微湿地、金山湿地

浙江的一项研究表明，不同地区的白头鹎在鸣声主句的语调、音节数、持续时间、频谱特征和频率范围等均有差异现象，普遍存在“方言”现象。其实，很多地区的很多鸟类都具有“方言”现象[66]。

白头鹎©张海波

129. 绿翅短脚鹎 *Ixos mcclellandii*

英文名：Mountain Bulbul　**别名**：山短脚鹎

野外识别特征｜体长20～24厘米。整体呈橄榄色，头顶栗褐色，羽冠短而尖，具白色羽轴纹；颈背及上胸棕色，喉偏白而具纵纹；两翼及尾亮橄榄绿色。

R 1～12月
常 南郊、小车河沿岸、宣教中心、凯龙寨、其他林区

生态习性｜主要栖息于阔叶林、针阔混交林和针叶林等森林中。多成小群活动。主要以植物果实和种子为食，也吃部分昆虫。繁殖期5～8月，营巢于乔木侧枝或林下灌木。巢呈杯状，主要由草茎、草叶、草根和竹叶等构成。

保护现状｜IUCN-LC、红色名录-LC

绿翅短脚鹎©张海波

绿翅短脚鹎在阿哈湖湿地分布广泛，常成小群活动在乔木冠层或林下灌木上，跳跃、飞翔，并发出喧闹、清脆的鸣声，闻似小鸡的叫声，极具辨识性。

绿翅短脚鹎©张海波

130. 栗背短脚鹎 *Hemixos castanonotus*

英文名：Chestnut Bulbul **别名：**栗耳鹎、灰短脚鹎

栗背短脚鹎©张海波

野外识别特征 | 体长18～22厘米。上体以栗褐色为主；额至后颈黑色，具显著冠羽；栗色耳羽延伸至颈侧；背栗色，两翼及尾暗褐色具灰白色羽缘；颏、喉白色，胸和两胁灰白色。

生态习性 | 主要栖息于低山丘陵的次生阔叶林、灌丛、稀树草坡等。常成对或小群活动。主要以植物性食物为食，也吃部分昆虫。繁殖期4～6月，营巢于小树或林下灌木。巢呈杯状，主要由草茎、草叶、草根和竹叶等构成。

保护现状 | IUCN-LC、红色名录-LC

R 1～12月
罕 南郊、小车河沿岸、宣教中心、凯龙寨、其他林区

有学者对栗背短脚鹎的鸣声进行研究发现，由于功能不同，其鸣声会表现出不同的特征，其中，繁殖期的鸣唱句型最复杂，求偶鸣唱消耗能量最大，因为过度使用同一鸣肌容易导致肌疲劳，所以其求偶鸣唱的句型复杂多样且一般不会连续鸣唱很多次，这是一种自我保护机制和发声适应机制[67]。

131. 褐柳莺 *Phylloscopus fuscatus*

英文名：Dusky Warbler **别名：**达达跳、嘎叭嘴、褐色柳莺

W 1～12月
稀 小车河沿岸、其他林区

野外识别特征 | 体长11～13厘米。上体褐色或灰褐色，具长而清晰的白色或淡皮黄色眉纹，贯眼纹暗褐色；颊及耳羽灰褐色，颏、喉、胸部至腹部中央为白色，两胁及尾下覆羽呈淡褐色。

生态习性 | 主要栖息于稀疏而开阔的阔叶林、针阔混交林和针叶林林缘以及溪流沿岸的疏林与灌丛中。常单独或成对活动。主要以昆虫为食，也吃尺蠖、苍蝇和蜘蛛等。繁殖期5～7月，营巢于林下、林缘或溪边灌丛中，呈球形。

保护现状 | IUCN-LC、红色名录-LC、“三有”

雄性褐柳莺的最大鸣声频率与体型呈正相关，因此，可以将鸣声最大频率作为判断其雄性个体大小的有效指标[68]。

褐柳莺©王天治

132．棕腹柳莺 *Phylloscopus subaffinis*

英文名：Buff-throated Warbler　**别名：**柳串儿

野外识别特征｜体长10～12厘米。上体橄榄褐色，眉纹淡黄色或皮黄色，贯眼纹黑褐色；飞羽、尾羽及翼上外侧覆羽黑褐色，外缘黄绿色；腰及尾上覆羽偏橄榄绿色；下体呈棕黄色，颏与喉部羽色略淡。

生态习性｜主要栖息于山地针叶林、林缘灌丛、低山丘陵和山脚平原的针叶林、阔叶疏林、灌丛和草甸等生境。常单独或成对活动。主要以昆虫为食。繁殖期5～8月，营巢于矮树或草丛中，巢呈杯状或圆形，侧面开口，由枯草茎、草根等构成，内垫羽毛。

保护现状｜IUCN-LC、红色名录-LC、“三有”

S　5～8月
罕　金山湿地、其他林区

2012年4～8月，学者在宽阔水国家级自然保护区首次记录到中杜鹃寄生棕腹柳莺的情况，说明棕腹柳莺也是中杜鹃巢寄生的寄主之一[69]。

棕腹柳莺©张海波

133. 黄腰柳莺 *Phylloscopus proregulus*

英文名：Palla's Leaf Warbler　**别名**：柳串儿、串树铃儿、绿豆雀、柠檬柳莺、巴氏柳莺、黄尾根柳莺

黄腰柳莺©张海波

黄腰柳莺©张海波

野外识别特征｜体长8～11厘米。上体橄榄绿色，头顶中央有一淡黄绿色纵纹；眉纹黄绿色，长且宽；腰黄色，两翼和尾黑褐色；翼上两道黄色翼斑；下体近白色。

生态习性｜主要栖息于针叶林、针阔混交林和林缘疏林。单独或成对活动。主要以昆虫为食。繁殖期5～7月，营巢于针叶树。巢球形，由叶、细茎、草根、苔藓、细枝等编织而成，内垫兽毛、羽毛等。

保护现状｜IUCN-LC、红色名录-LC、"三有"

W 10月至翌年2月
常 南郊、小车河沿岸、宣教中心、凯龙寨、其他林区

黄腰柳莺善鸣叫，其无休止的鸣声主要由各种颤音组成，它们在快速的演替中互相替换，个别的鸣声包含了上百种颤音和其他声音成分，一起组合成一系列特定的声乐结构，在鸣唱过程中定期重复[70]。

黄腰柳莺©董文晓

134. 黄眉柳莺 *Phylloscopus inornatus*

英文名：Yellow-browed Warbler **别名：**树串儿、槐串儿、树叶儿

野外识别特征 | 体长9～11厘米。上体橄榄绿色；无顶冠纹或不明显；眉纹较长，端部淡皮黄色，其余部分乳白色；背、两翼内侧覆羽橄榄绿色，具两道明显的黄白色翼斑。

生态习性 | 主要栖息于山地和平原地带的针叶林、针阔混交林中。常单独或成小群活动。主要以昆虫为食。繁殖期5～8月，营巢于树枝杈或地上。巢呈球形，结构精细，主要由枯草茎、叶、树皮纤维、苔藓等编织而成，内垫兽毛、鸟羽等。

保护现状 | IUCN-LC、红色名录-LC、“三有”

P 10月至翌年2月

稀 南郊、小车河沿岸、宣教中心、凯龙寨、其他林区

黄眉柳莺是中杜鹃的宿主之一，该种对外来卵的接受或排斥是由寄生鸟与它自身卵直径的比例决定的，同时，单个宿主窝中卵的平均大小也很重要[71]。

黄眉柳莺©匡中帆

135. 极北柳莺 *Phylloscopus borealis*

英文名：Arctic Warbler　**别名**：柳叶儿、柳串儿、绿豆雀、铃铛雀、北寒带柳莺

P 8～10月
稀 南郊、小车河沿岸、宣教中心、凯龙寨、其他林区

野外识别特征 | 体长11～13厘米。上体橄榄绿色偏灰，无顶冠纹；白色眉纹狭长而显著；贯眼纹暗褐色；两道黄白色翼斑，中覆羽羽尖形成的第二道翼斑较模糊；下体白色沾黄，两胁褐橄榄色。

生态习性 | 主要栖息于针叶林、阔叶林、混交林及林缘灌丛。繁殖期常单独或成对活动，迁徙期多成群活动。主要以昆虫为食。繁殖期6～7月，营巢于地上、树桩或倒木上，巢呈半球形或球形，主要由草茎、针叶、细根、地衣、苔藓等编织而成，内垫细草茎、兽毛等。

保护现状 | IUCN-LC、红色名录-LC、“三有”

极北柳莺©韦铭

极北柳莺是火力楠丽绵蚜虫（*Formosaphis micheliae*）的天敌，火力楠丽绵蚜是火力楠（*Michelia macclurei*）、白玉兰（*Yulania denudata*）植物的主要害虫[72]。

冠纹柳莺©张海波

136. 冠纹柳莺 *Phylloscopus claudiae*

英文名：Claudia's Leaf Warbler **别名：**布氏柳莺

野外识别特征｜体长10～12厘米。上体为较鲜艳的橄榄绿色；头顶偏暗，具较宽的淡黄色冠纹，头顶两侧为灰黑色；淡黄色眉纹长且宽，贯眼纹暗褐色；具两道淡黄绿色翼斑；下体灰白色。

生态习性｜主要栖息于山地常绿阔叶林、针阔叶混交林、针叶林、林缘灌丛等，秋冬季多下到低山和山脚平原地带。常单独或成对活动。主要以昆虫为食。繁殖期5～7月，营巢于开阔地带的岩穴或树洞中，巢球形或杯状，主要由苔藓构成，内垫少量兽毛和羽毛等。

保护现状｜IUCN-LC、红色名录-LC、“三有”

W 10月至翌年2月
常 南郊、小车河沿岸、宣教中心、凯龙寨、其他林区

冠纹柳莺是阿哈湖湿地最常见的柳莺之一，有三条顶冠纹，被俗称为“西瓜皮”。活动时喜欢单侧交替振动翅膀，是野外识别的主要行为特征。

137. 比氏鹟莺 *Seicercus valentini*

英文名：Bianchi's Warbler **别名：**金眶鹟莺

野外识别特征 | 体长10～11厘米。上体橄榄绿色；顶冠纹灰色，侧冠纹黑色；眼圈白色较宽；翼上一道不明显的黄色翼斑；尾橄榄绿色，外侧尾羽羽缘白色；下体亮黄色。

S 4～6月
常 南郊、小车河沿岸、凯龙寨、其他林区

生态习性 | 主要栖息于常绿阔叶林、次生林、混交林和林缘灌丛等。性活跃而大胆。常单独或成对活动。主要以昆虫为食。繁殖期4～6月，营巢于林中岩坡、沟谷地上、倒木、树桩或苔藓植物中。巢呈球形，主要由苔藓和树根构成，内垫苔藓等柔软材料。

保护现状 | IUCN-LC、红色名录-LC

2015年6月，在贵州宽阔水自然保护区，通过录像首次记录到中杜鹃捕食整巢比氏鹟莺卵的行为，表明中杜鹃不仅是巢寄生者，也可能是巢捕食者[17]。

比氏鹟莺©西南山地 唐军

138. 栗头鹟莺 *Seicercus castaniceps*

英文名：Chestnut-crowned Warbler　**别名：**栗冠莺

栗头鹟莺©张海波

栗头鹟莺©张海波

野外识别特征 | 体长8～10厘米。上体橄榄绿色；顶冠红褐色，侧冠纹及过眼纹黑色；具完整的白色眼圈；两翼黑褐色，具两道翼斑；颏、喉、上胸、颈侧及两颊为灰色；下体余部黄色。

生态习性 | 主要栖息于低山和山脚地带阔叶林、林缘疏林和灌丛中。繁殖期常单独或成对活动，非繁殖期多成小群活动。主要以昆虫为食，也吃少量种子等植物性食物。繁殖期5～7月，营巢于树根下的土坎或溪边岩石洞穴中，巢呈球形或梨形，主要由苔藓和细根编织而成。

保护现状 | IUCN-LC、红色名录-LC

W 10月至翌年2月
稀 凯龙寨、其他林区

2015年4～8月，有学者采用录像全程监控的方法，在贵州宽阔水自然保护区，对4巢栗头鹟莺的繁殖过程进行了完整观察，弥补了该种繁殖生态研究的部分空缺[73]。

139．棕脸鹟莺 *Abroscopus albogularis*

英文名：Rufous-faced Warbler　**别名：**棕面莺

野外识别特征 | 体长9～10厘米。头栗色，黑色侧冠纹延伸至枕后；无眉纹；上体橄榄绿色，腰黄色；两翼黑褐色，无翼斑；下体白色，颏与喉部杂黑色点斑，上胸沾黄。

生态习性 | 主要栖息于低山阔叶林、竹林、林缘疏林和灌丛。繁殖期多单独或成对活动，其他季节亦成群或混群活动。主要以昆虫为食。繁殖期4～6月，营巢于竹林和稀疏的常绿阔叶林中，巢多置于枯竹洞中，内垫竹叶、苔藓和纤维等。

保护现状 | IUCN-LC、红色名录-LC

棕脸鹟莺©张海波

R 1～12月
常 南郊、小车河沿岸、宣教中心、凯龙寨、其他林区

棕脸鹟莺个体小，机警，常在林间快速跳跃，不易观察，但它的鸣声具有较高的辨识度，“铃、铃、铃……”鸣声单独而清脆，常常只闻其声，不见其鸟。

棕脸鹟莺©张海波

140. 远东树莺 *Horornis canturians*

英文名：Manchurian Bush Warbler　**别名**：日本树莺、树莺、短翅树莺

远东树莺©匡中帆

野外识别特征｜体长14～18厘米。整体棕色；具清晰的皮黄色眉纹；过眼纹深褐；两翼及尾羽棕褐色；尾较长，通常略上翘；下体以白色为主，两胁及尾下覆羽呈皮黄色。

生态习性｜主要栖息于低山丘陵的次生林、林缘灌丛和竹丛中。主要以昆虫为食。繁殖期5～7月，营巢于林缘地边或道边灌木丛中。

保护现状｜IUCN-LC、红色名录-LC

W 1～12月
稀 金山湿地、凯龙寨、其他林区

远东树莺曾被列为*Cettia*属，拉丁学名为*Cettia canturians*，后归入*Horornis*属[13]。

强脚树莺©张海波

141．强脚树莺 *Horornis fortipes*

英文名：Brownish-flanked Bush Warbler　**别名：**山树莺、告春鸟、棕胁树莺、白水杨梅

野外识别特征｜体长10～12厘米。整体暗褐色；具窄而不甚清晰的淡皮黄色眉纹，黑褐色的贯眼纹也较模糊；下体偏白而染褐黄；尾羽黄褐色，尾端略呈圆形。

生态习性｜主要栖息于中低山常绿阔叶林、次生林、林缘疏林、灌丛、竹丛或高草丛中。常单独或成对活动。主要以昆虫为食，也吃少量果实和种子。繁殖期5～8月，营巢于草丛和灌丛中，巢呈杯形，由草叶、草茎、草穗或树皮构成，内垫细草茎和羽毛。

保护现状｜IUCN-LC、红色名录-LC

R 常　1～12月
南郊、小车河沿岸、宣教中心、小微湿地、金山湿地、凯龙寨、其他林区

强脚树莺在外形上没有太突出的特征，但它的鸣声具有很高的识别性，清脆而洪亮，三或四音节[51]，闻似“吃……酒醉”或“吃……酒醉起”，尤其在繁殖期，从早到晚叫个不停。贵阳地区也根据其叫声形象地俗称其为“白水杨梅”。

强脚树莺©张海波

142. 红头长尾山雀 *Aegithalos concinnus*

英文名：Black-throated Bushtit **别名：**红头山雀、红顶山雀、小熊猫、小老虎、红宝宝儿

野外识别特征 | 体长9～11厘米。色彩鲜明；头顶至后颈栗红色；眼先、眼周、颈部及耳羽黑色形成面罩并延伸至后颈；喉部至上胸白色，中央具宽阔的黑色斑块；胸侧栗红色，背部、两翼及尾羽蓝灰色；尾长呈凸状。

生态习性 | 主要栖息于山地森林、灌丛、果园等。常成群活动。主要以昆虫为食。繁殖期2～6月，营巢于树上，巢呈椭圆形，主要由苔藓、细草、羽毛和蛛丝等构成。

保护现状 | IUCN-LC、红色名录-LC、“三有”

红头长尾山雀（亚成鸟）©张海波

R 1～12月

常 南郊、小车河沿岸、宣教中心、小微湿地、金山湿地、凯龙寨、其他林区

红头长尾山雀（成鸟）©张海波

红头长尾山雀在繁殖期存在部分“帮手行为”，即3只成鸟参与孵卵、育雏、警戒等繁殖行为。“帮手”主要与亲鸟交换、轮流孵卵，辅助衔食，帮助亲鸟参与喂食等。“帮手”的出现可能与巢被毁坏、丧失配偶、无生殖能力、未找到配偶或是亚成鸟有关。“帮手行为”有利于提高繁殖成功率和种群适合度，“帮手”也能获得遗传上的好处或繁殖经验，增加存活机会[74]。

143．棕头鸦雀 *Sinosuthora webbiana*

英文名： Vinous-throated Parrotbill **别名：** 棕翅缘鸦雀、黄豆雀、黄滕、红头仔、黄头、粉红鹦嘴、鸡蛋鸟

野外识别特征 | 体长11～13厘米。整体偏粉褐色；嘴短粗且厚，形似鹦鹉嘴；头颈大部分棕色，仅颏与喉部粉灰色，略具棕色纵纹；背及尾羽灰色，两翼棕红色，下体淡灰褐色。

生态习性 | 主要栖息于中低山阔叶林、混交林、林缘灌丛、草坡、竹丛等。常成对或小群活动。主要以昆虫为食，也吃小型脊椎动物或植物性食物。繁殖期4～8月，营巢于灌木或竹丛上，巢呈杯状，主要由茎、叶、须根等构成，外面常敷以苔藓和蛛网，内垫细草茎、棕丝、须根、兽毛和羽毛等。

保护现状 | IUCN-LC、红色名录-LC

R 1～12月
稀 凯龙寨、其他林区

恐惧尖叫（*Fear scream*）在棕头鸦雀中很常见，是指许多动物包括人类面临直接死亡威胁时产生的一种特殊叫声，其作用可能是把同种或其他物种聚集在呼叫者周围，直接或间接地干扰捕食者或干扰者，从而给呼叫者创造逃跑的机会[75]。

棕头鸦雀©张明明

棕头鸦雀©贵州大学生物多样性与自然保护研究中心

棕头鸦雀©张海波

144. 灰喉鸦雀 *Sinosuthora alphonsiana*

英文名：Ashy-throated Parrotbill　**别名**：黄豆仔

野外识别特征 | 体长12～13厘米。整体偏灰褐色；嘴短粗且厚，似鹦鹉嘴；头顶至后颈棕红色，头颈余部灰色；背部及尾羽灰褐色，两翼棕红色；下体淡灰褐色。

R 1～12月
常 南郊、小车河沿岸、宣教中心、小微湿地、金山湿地、凯龙寨、其他林区

生态习性 | 主要栖息于中低海拔次生林、林缘疏林、灌丛及草坡等生境。生态习性与棕头鸦雀相似。

保护现状 | IUCN-LC、红色名录-LC

灰喉鸦雀是大杜鹃的宿主之一。研究表明，卵色多态性在大杜鹃和灰喉鸦雀中非常明显，在同一地理种群内，两者分别对应出现了蓝色、浅蓝色和白色的卵。这两种鸟类的卵不仅外观相似，且在光谱量化方面也模拟相似，但白色卵型的模拟程度要低于蓝色卵型，说明灰喉鸦雀产白色卵很可能是由于杜鹃寄生压力所导致的后进化结果[76]。

灰喉鸦雀©张海波

灰喉鸦雀（幼鸟）©张海波

145. 灰头鸦雀 *Paradoxornis gularis*

英文名：Grey-headed Parrotbill　**别名：**金色鸟形山雀

R 1～12月　稀 凯龙寨

野外识别特征｜体长16～18厘米。整体以褐色为主。头灰色，嘴橘黄；黑色眉纹从前额延伸至后枕；颊白色，喉黑色；背、两翼及尾羽棕色，下体白色。

生态习性｜主要栖息于山地常绿阔叶林、混交林、竹林和林缘灌丛中。繁殖期成对或单独活动，其他季节多成小群。主要以昆虫为食，也吃植物果实和种子。繁殖期4～6月，营巢于林下幼树或竹的枝杈间，巢呈杯状，主要由竹叶和枯草构成，并被以蜘蛛网。

保护现状｜IUCN-LC、红色名录-LC、“三有”

截至目前，灰头鸦雀在阿哈湖湿地公园仅见于凯龙寨保育区的常绿阔叶林中，种群数量较少，应加强森林生境保护。

灰头鸦雀©张海波

146. 点胸鸦雀 *Paradoxornis guttaticollis*

英文名：Spot-breasted Parrotbill　**别名**：斑喉鸦雀

点胸鸦雀©柯晓聪

点胸鸦雀©张海波

R 1～12月
稀 凯龙寨、其他林区

鸟类的身体特征通常与其生态习性相关，鸦雀类具有类似鹦鹉那样粗厚而有力的嘴，可以用来撕裂草茎、花梗，啄食隐藏于其中的蛀虫或其他小虫[51]。

野外识别特征｜体长18～21厘米。头顶、颈背赤褐色；耳羽后端有显眼的黑色块斑；胸上具深色的倒“V”形细纹；上体余部暗红褐色，下体皮黄色。

生态习性｜主要栖息于林地、灌丛、高草丛、稀树草坡等。常成对或小群活动。主要以昆虫为食，也吃草籽和植物果实。繁殖期5～7月，营巢于灌丛或竹丛中，巢呈深杯状，主要由枯草茎、叶、软树皮等构成，外壁常被蛛网和叶片，内垫细草茎、毛发等。

保护现状｜IUCN-LC、红色名录-LC、“三有”

147．栗耳凤鹛 *Yuhina castaniceps*

英文名：Striated Yuhina　**别名**：栗头凤鹛

野外识别特征｜体长13～15厘米。上体偏灰，下体近白；额、头顶至枕灰色，具不甚明显的羽冠；眼后、耳羽、后颈和颈侧为棕栗色，具白色羽干纹；尾深褐灰，羽缘白色。

生态习性｜主要栖息于低山阔叶林和混交林中。繁殖期成对活动，非繁殖期多成群，喜集群活动。主要以甲虫、金龟子等昆虫为食，也吃植物果实与种子。繁殖期4～7月，营巢于林中废弃的巢洞或天然洞中，巢主要由草茎、草叶、苔藓等构成。

保护现状｜IUCN-LC、红色名录-LC

R 1～12月
常 南郊、小车河沿岸、宣教中心、凯龙寨、其他林区

栗耳凤鹛因耳后羽毛呈栗色而得名，为贵阳地区最常见的凤鹛。

栗耳凤鹛©张海波

栗耳凤鹛©张海波

148. 白领凤鹛 *Yuhina diademata*

英文名：White-collared Yuhina　**别名：**白枕凤鹛

R 1～12月
稀 凯龙寨、其他林区

野外识别特征 | 体长15～18厘米。整体眼褐色。蓬松的羽冠褐色而两侧略带黑色；眼先及颏部黑色；眼后白色延伸至枕部形成“白领”；耳羽褐色具白色细纹；上体余部褐色；下体大部分浅褐色。

生态习性 | 主要栖息于稍高的山地阔叶林、针阔混交林、针叶林和竹丛中。繁殖期多成对或单独活动，其他时期多成小群。主要以昆虫、植物果实与种子为食。繁殖期5～9月，营巢于山地森林、灌丛和茶园等。巢呈杯状，外层主要为苔藓，中层为枯草、叶和细根，内垫棕丝、细草茎和须根等，并用须根系于枝杈上。

保护现状 | IUCN-LC、红色名录-LC

研究表明，笼养状态下白领凤鹛的求偶炫耀声是单调的，与《中国鸟类志》中记载白领凤鹛在繁殖期的鸣声洪亮多变有所不同，推测原因可能是笼养状态下雄鸟的生活环境有很大的局限性。因此，笼养约束了鸟类的野性，不利于鸟类的生存与繁衍[77]。

白领凤鹛©张海波

白领凤鹛©张海波

149．红胁绣眼鸟 *Zosterops erythropleurus*

英文名：Chestnut-flanked White-eye　**别名**：白眼儿、粉眼儿、褐色胁绣眼、红胁白目眶、红胁粉眼

红胁绣眼鸟©沈惠明

野外识别特征｜体长10～12厘米。上体黄绿色；眼周有显著的白色眼圈；喉、尾下覆羽黄绿色；下体白色，两胁栗红色，有时不显露。

生态习性｜主要栖息于低山丘陵和山脚平原地带的次生林、阔叶林中。常单独、成对或小群活动。主要以昆虫为食，也吃植物性食物。繁殖期4～7月，营巢于树木枝杈或灌木上，巢呈杯状，外壁用蛛丝、苔藓、细草和枝条构成，内壁为兽毛等柔软材料。

保护现状｜国家二级、IUCN-LC、红色名录-LC、“三有”

S 4～7月
稀 南郊、小车河沿岸

2021年2月1日，国家林业和草原局、农业农村部发布了新版《国家重点保护野生动物名录》，红胁绣眼鸟是绣眼鸟科中唯一被纳入名录的物种[78]。

150. 暗绿绣眼鸟 *Zosterops japonicus*

英文名： Japanese White-eye **别名：** 绣眼儿、粉眼儿、白眼儿、日本绣眼鸟、青档、柳丁、黄豆瓣

野外识别特征 | 体长9～11厘米。上体绿色；眼先黑色，眼周一白色眼圈极为醒目；颏、喉及尾下覆羽黄绿色，腹中线有时略带黄色，其余部分整体橄榄绿色。

生态习性 | 主要栖息于阔叶林、针阔混交林、竹林等。常单独、成对或小群活动。主要以昆虫为食。繁殖期4～7月，营巢于乔木或灌木上，巢呈吊篮状或杯状，主要由草茎、草叶、苔藓、树皮、蛛丝等构成，内垫棕丝、毛发、细根、草茎等。

保护现状 | IUCN-LC、红色名录-LC、“三有”

暗绿绣眼鸟©张海波

R 1～12月
常 南郊、小车河沿岸、宣教中心、凯龙寨、其他林区

暗绿绣眼鸟因色彩亮丽、外形可爱、叫声温婉而被大量捕捉、笼养，导致其种群的可持续发展受到一定程度的威胁[51]。

暗绿绣眼鸟©张海波

151. 灰腹绣眼鸟 *Zosterops palpebrosa*

英文名：Oriental White-eye　**别名**：绣眼鸟

野外识别特征｜体长9～11厘米。上体黄绿色；眼周具一白色眼圈，眼先和眼下方黑色；颏、喉、上胸及尾下覆羽鲜黄色，下胸和两胁灰色，腹灰白色；腹部灰色较重，中央具不甚明显的黄色纵纹。

生态习性｜主要栖息于低山丘陵和山脚平原地带的常绿阔叶林和次生林中。繁殖期单独或成对活动，其余季节多成群。主要以昆虫为食，也吃植物果实和种子。繁殖期4～7月，营巢于树冠层，巢主要由草叶、蛛网等编织而成，内垫植物种毛和兽毛。

保护现状｜IUCN-LC、红色名录-LC、“三有”

灰腹绣眼鸟©张海波

灰腹绣眼鸟©张海波

R 1～12月

常 南郊、小车河沿岸、宣教中心、凯龙寨、其他林区

以往，我们将胸腹中线的黄色带作为区分灰腹绣眼鸟与暗绿绣眼鸟的特征，但有学者认为，虹膜颜色才是区分国内这两种鸟的依据，其中，灰腹绣眼鸟西南亚种的虹膜为白色，暗绿绣眼鸟的为褐色[79]。

152．斑胸钩嘴鹛 *Erythrogenys gravivox*

英文名：Black-stxeaked Scimitar Babbler　**别名：**锈脸钩嘴鹛

野外识别特征｜体长22～26厘米。前额及耳羽锈色，头顶至后颈褐色具不明显的纵纹；背部、两翼及尾羽栗色；眼先、喉部、胸部至腹部白色；胸部具浓密的黑色点斑或纵纹；两胁深灰色，尾下覆羽棕色。

生态习性｜主要栖息于低山及平原的林地和灌丛。多单独、成对或小群活动。杂食性，但繁殖期主要以昆虫为食。繁殖期5～7月，营巢于灌丛中。巢呈碗状，主要由细枝、草茎、枯叶等构成，内垫细草叶。

保护现状｜IUCN-LC、红色名录-LC

R 1～12月
常 凯龙寨、其他林区

斑胸钩嘴鹛是最有名的“二重唱组合”[1]鸟类，其叫声似“呀呵……给”“哪个……呢”，此叫声并非由一只鸟发出，而是由两只个体合唱而成，通常一只发出“呀呵”或“哪个”音，另一只应和发出“……给”或“……呢”音。

斑胸钩嘴鹛©匡中帆

153. 棕颈钩嘴鹛 *Pomatorhinus ruficollis*

英文名：Streak-breasted Scimitar Babbler　**别名**：小画眉、小钩嘴嘈鹛、小钩嘴嘈杂鸟、小钩嘴鹛

棕颈钩嘴鹛©
贵州大学生物多样性与自然保护研究中心

棕颈钩嘴鹛©张海波

野外识别特征 | 体长16～19厘米。上体棕褐色，后颈栗红色；嘴细长而向下弯曲；具显著的白色眉纹和黑色贯眼纹；颏、喉白色；胸白色具栗色或黑色纵纹，其余下体橄榄褐色。

R 👓 1～12月
常 📍 南郊、小车河沿岸、凯龙寨、其他林区

生态习性 | 主要栖息于低山和山脚平原地带的阔叶林、竹林、林缘灌丛、茶园、果园等。常单独、成对或小群活动。主要以昆虫为食，也吃植物果实和种子。繁殖期3～7月，营巢于灌木上，巢呈杯状，主要由草叶、蕨类、树皮、树叶等构成，内垫细草。

保护现状 | IUCN-LC、红色名录-LC

棕颈钩嘴鹛生性胆怯，常藏匿于茂密的树丛或灌丛中，繁殖期间鸣叫频繁，鸣声单调、清脆而响亮，“突突突”三声一度，闻似“小哥哥”反复鸣叫，极具辨识性[1]。

154. 红头穗鹛 *Cyanoderma ruficeps*

英文名：Rufous-capped Babbler　**别名：**山红头、红顶嘈鹛、红顶穗鹛、红头小鹛

红头穗鹛©张海波

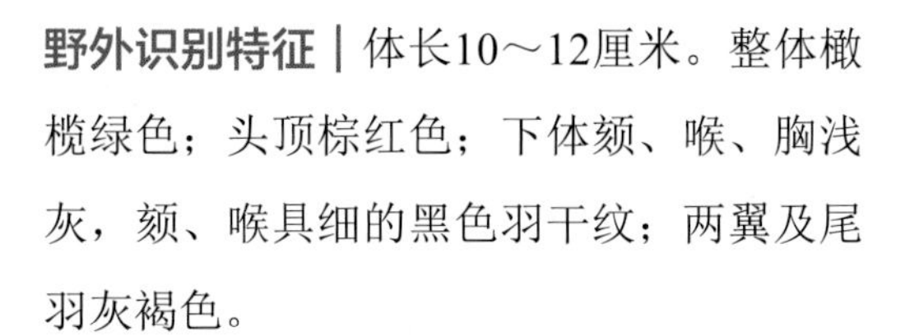

野外识别特征 | 体长10～12厘米。整体橄榄绿色；头顶棕红色；下体颏、喉、胸浅灰，颏、喉具细的黑色羽干纹；两翼及尾羽灰褐色。

生态习性 | 主要栖息于低山阔叶林和山脚平原地带的森林中。常单独或成对活动。主要以昆虫为食，也吃少量植物果实和种子。繁殖期4～7月，营巢于茂密的灌丛、竹丛、草丛或柴捆上。巢主要由竹叶、树皮、树叶等构成，有的还有蛛丝粘接，内垫细草根、草茎和草叶等。

保护现状 | IUCN-LC、红色名录-LC

R 常 1～12月
南郊、小车河沿岸、凯龙寨、其他林区

红头穗鹛活动较为隐匿，不易观察，但其叫声似“呵呵呵呵、呵呵呵”，极具辨识性，是野外主要的行为识别特征[1]。

红头穗鹛©张海波

155. 褐胁雀鹛 *Schoeniparus dubius*

英文名：Rusty-capped Fulvetta　**别名**：橄榄胁雀鹛、褐头雀鹛、锈冠雀鹛

野外识别特征 | 体长13～15厘米。上体橄榄褐色；头顶棕褐色，具明显白色眉纹和黑色侧冠纹；前额淡棕色，眼先深褐色；颏、喉、胸、腹白色，胸、腹沾皮黄色，两胁橄榄褐色。

生态习性 | 主要栖息于山地常绿阔叶林、针阔混交林、林缘疏林、灌丛、草坡等。常成对或小群活动。主要以昆虫为食，也吃少量果实与种子等。繁殖期4～6月，营巢于林下植物发达的常绿阔叶林中，巢呈杯状，外层由玉米叶、枯草、树叶等构成，内层为细草茎、根和树叶等。

保护现状 | IUCN-LC、红色名录-LC

褐胁雀鹛©张海波

褐胁雀鹛（巢+卵）©张海波

R 1～12月
常 南郊、小车河沿岸、凯龙寨、其他林区

该种与棕颈钩嘴鹛的栖息生境相似[51]，且都具有明显的白色眉纹，初学者容易混淆，但可从体型、羽色、喙形及鸣声加以区分。

156. 灰眶雀鹛 *Alcippe morrisonia*

英文名：Grey-cheeked Fulvetta　**别名：**白眼环眉、山白目眶、绣眼画眉、白眶雀鹛

野外识别特征｜体长13～15厘米。头、颈灰色；头顶两侧有不明显的暗色侧冠纹；眼圈灰白色；翅、尾橄榄褐色；喉灰色，胸浅皮黄色；腹部和两胁皮黄至赭黄色。

生态习性｜主要栖息于山地和山脚平原地带的森林和灌丛中。繁殖期成对活动，其他时间多集小群。主要以昆虫为食，也吃植物果实、种子等。繁殖期5～7月，营巢于林下灌丛近地面的枝杈上。巢呈深杯状，主要由草叶、茎和根等构成。

保护现状｜IUCN-LC、红色名录-LC

R 1～12月
常 南郊、小车河沿岸、凯龙寨、其他林区

灰眶雀鹛通常集群活动，喜欢与其他鸟类组成“鸟浪”，常集群攻击领鸺鹠（*Glaucidium brodiei*）等小型鸮类[1]。

灰眶雀鹛©匡中帆

灰眶雀鹛©张海波

157．矛纹草鹛 *Babax lanceolatus*

英文名：Chinese Babax　**别名：**草鹛、万花画眉、条纹山噪眉

矛纹草鹛©张海波

矛纹草鹛©胡灿实

野外识别特征｜体长25～29厘米。整体灰褐色，密布纵纹；眼后具白色眉纹和黑色髭纹；颈部至背部棕色，密布白色纵纹；下体白色，两胁密布棕色纵纹；尾长，褐色具深色横纹。

生态习性｜主要栖息于稀树灌丛、草坡、竹丛、阔叶林等。除繁殖期外，常集小群活动。主要以昆虫、植物叶、芽、果实和种子为食。繁殖期4～6月，营巢于灌丛中，巢呈杯状，主要由枯草茎、叶构成，内垫细草茎和草根。

保护现状｜IUCN-LC、红色名录-LC、“三有”

R 1～12月
罕 凯龙寨、其他林区

2018年9月，有学者记录到神农架川金丝猴捕食3只矛纹草鹛雏鸟的事件，并认为这是一种普遍的行为模式[80]。

158. 画眉 *Garrulax canorus*

英文名：Hwamei　**别名：**金画鹛

野外识别特征｜体长21～24厘米。整体棕褐色；最显著的特征是白色的眼圈在眼后延伸成狭窄的眉纹。

生态习性｜主要栖息于低山丘陵和山脚平原地带的矮乔木、灌丛、林缘、竹林等。常单独活动。主要以昆虫为食，也吃果实、种子及农作物等。繁殖期4～7月，营巢于灌木，巢呈浅杯状，主要由叶、细枝、草茎、细根等编织而成。

R 1～12月
稀 凯龙寨、其他林区

保护现状｜国家二级、附录Ⅱ、IUCN-LC、红色名录-NT、“三有”

画眉是重要的农林益鸟[51]，它真正为人们熟知的是婉转动听的叫声，也因此成了民间主要笼养观赏鸟类之一，被大量捕捉饲养，自然种群受到较大威胁。目前，在我国部分少数民族地区笼养画眉的现象依然很多，应被禁止。

画眉©王进

159．棕噪鹛 *Garrulax berthemyi*

英文名：Buffy Laughingthrush　**别名**：竹鸟、八音鸟

野外识别特征｜体长25～28厘米。整体呈棕褐色；眼周蓝色裸露皮肤明显；头、胸、背、两翼及尾栗褐色，顶冠略具黑色鳞状斑；腹部及初级飞羽羽缘灰色，臀白色。

生态习性｜主要栖息于山地常绿阔叶林中。常单独或成小群活动。主要以昆虫为食，也吃果实与种子。关于其繁殖生态的资料非常匮乏。据老君山的记载，棕噪鹛于5月初筑巢于低矮灌木侧枝上，巢呈碗状，外壁由藤本植物茎和须编织而成，中层为竹叶和树叶，内层是短小的树枝及须根。

保护现状｜中国特有种、国家二级、IUCN-LC、红色名录-LC、“三有”

R 1～12月
罕 凯龙寨、其他林区

2020年12月5日，安装于阿哈湖湿地凯龙寨保育区的红外相机拍摄到了棕噪鹛，是该物种在阿哈湖的首次记录。

棕噪鹛©李毅

160. 白颊噪鹛 *Garrulax sannio*

英文名：White-browed Laughingthrush **别名**：土画眉、白颊笑鸫、白眉笑鸫、白眉噪鹛

野外识别特征 | 体长21～25厘米。整体呈灰褐色；最显著的特征是皮黄白色的颊部图纹，由眉纹及下颊纹由深色的眼后纹所隔开；两翼、尾羽及尾下覆羽褐色。

生态习性 | 主要栖息于低山丘陵和山脚平原地带的林缘灌丛、竹丛、稀树草地及耕地等。繁殖期成对活动，其他季节多集群。主要以昆虫等动物性食物为食，也吃果实和种子。繁殖期3～7月，营巢于灌丛。巢呈碗状，主要用枯草茎、叶、稻草、细藤、松枝和棕丝等构成，内垫细草茎、草根、叶、棕丝等。

保护现状 | IUCN-LC、红色名录-LC、“三有”

白颊噪鹛©张海波

R 1～12月

优 南郊、小车河沿岸、宣教中心、小微湿地、金山湿地、凯龙寨、其他林区

白颊噪鹛数量多、胆大，在阿哈湖湿地极常见，它们被俗称“土画眉”，因为它和画眉在外形上有几分相似，但叫声没有画眉动听[1]。

白颊噪鹛©张海波

蓝翅希鹛©柯晓聪

161．蓝翅希鹛 *Siva cyanouroptera*

英文名：Blue-winged Minla

野外识别特征｜体长14～15厘米。两翼、尾及头顶蓝色；上背、两胁及腰黄褐色；喉及腹部偏白色，脸颊偏灰色；眉纹及眼圈白色，具黑色侧冠纹；尾细长而呈方形。

R  1～12月
稀 南郊、小车河沿岸、凯龙寨、其他林区

生态习性｜主要栖息于阔叶林、针阔叶混交林、针叶林和竹林中。常成对或集小群活动。主要以昆虫为食，也吃少量植物果实与种子。繁殖期5～7月，营巢于林下灌丛中。巢呈杯状，主要由草茎、草叶、根、苔藓、树叶等构成，内垫细草和根。

保护现状｜IUCN-LC、红色名录-LC

蓝翅希鹛雌、雄外形非常相似，但舌尖差异明显，雌鸟舌尖分叉较深，分叉舌尖各有一枚长刺毛，而雄鸟分叉较浅，且舌尖无长的刺毛[81]。

蓝翅希鹛©匡中帆

162．红嘴相思鸟 *Leiothrix lutea*

英文名：Red-billed Leiothrix　**别名**：相思鸟、红嘴玉、五彩相思鸟、红嘴鸟

野外识别特征｜体长13～15厘米。嘴赤红色；上体暗灰绿色，眼先、眼周淡黄色；两翼具黄色和红色翅斑；颏、喉黄色，胸橙黄色；尾叉状，黑色。

生态习性｜主要栖息于稍高的山地常绿阔叶林、混交林、竹林、林缘疏林及灌丛中。繁殖期成对或单独活动外，其他季节多集小群或混群。主要以昆虫为食，也吃果实和种子。繁殖期5～7月，营巢于林下、灌丛或竹丛中，巢呈深杯状，主要由苔藓、草茎、草叶、树叶、草根等构成，内垫细草茎、棕丝和须根。

保护现状｜国家二级、附录Ⅱ、IUCN-LC、红色名录-LC、“三有”

R　1～12月
常　南郊、小车河沿岸、凯龙寨、其他林区

红嘴相思鸟羽色艳丽，鸣声婉转动听，是著名的笼养观赏鸟之一，因此被大量捕捉、交易，致使自然种群受到威胁，应加强保护[51]。2021年公布的《国家重点保护野生动物名录》将其列为国家二级保护鸟类。

红嘴相思鸟©宋锦

红嘴相思鸟©
贵州大学生物多样性与自然保护研究中心

163. 褐河乌 *Cinclus pallasii*

英文名：Brown Dipper　**别名**：水乌鸦、小水乌鸦、水黑老婆、水老鸹

褐河乌（幼鸟）©张海波

褐河乌（成鸟）©张海波

野外识别特征｜体长18～23厘米。全身主要呈棕褐色或深褐色；下腹及尾下覆羽黑褐色；尾羽较短，呈深褐色。

生态习性｜主要栖息于河流。常单独或成对活动。在水中取食，主要以水生昆虫和水生小型无脊椎动物为食。繁殖期4～6月，营巢于河岸石缝、石壁凹处、树根或垂岩下，巢甚隐蔽，主要由苔藓构成，内垫枯草茎、草叶、兽毛和羽毛等，巢呈球形、卵圆形或碗状。

保护现状｜IUCN-LC、红色名录-LC

R 1～12月
稀 小车河水域、水库支流

褐河乌主要分布于小车河上游多石溪流。该种在国内分布较广，但由于河流污染引起水质变差、食物匮乏等问题，导致种群数量减少，应加强其栖息地的保护与管理[51]。

164. 八哥 *Acridotheres cristatellus*

英文名： Crested Myna　**别名：** 普通八哥、黑八哥、凤头八哥、了哥仔、哵哵鸟

八哥©
贵州大学生物多样性与自然保护研究中心

野外识别特征 | 体长23～28厘米。整体呈黑色；前额具黑色羽簇；具白色翼斑，飞翔时尤为明显，从下往上看呈“八”字形；尾羽和尾下覆羽具白色端斑。

生态习性 | 主要栖息于低山丘陵和山脚平原地带的次生阔叶林、竹林、林缘疏林及居民区附近。多成群活动。主要以昆虫为食，也吃谷物、果实和种子等。繁殖期4～8月，营巢于树洞或建筑物洞穴中，内垫草根、草茎、草叶、藤条、羽毛、蛇皮、塑料膜等。

保护现状 | IUCN-LC、红色名录-LC、“三有”

R　1～12月　常　金山湿地

八哥既是重要的农林益鸟[51]，也是颇受欢迎的笼养鸟，能模仿其他鸟的鸣叫和简单的人语，在国内广被笼养，种群发展受到一定威胁，应倡导公众不要饲养野生鸟类。

八哥©张海波

165．丝光椋鸟 *Spodiopsar sericeus*

英文名： Silky Starling **别名：** 牛屎八哥、丝毛椋鸟、红嘴椋鸟

野外识别特征 | 体长20～23厘米。雄鸟头颈污白色，深灰色条带绕颈一周与灰色的背部及下体相连；颈部及背部羽毛延长成丝状；飞羽及尾羽黑色；具白色翼斑。雌鸟似雄鸟而头部灰褐色较多，仅喉部白色。

生态习性 | 主要栖息于低山丘陵和山脚平原地区的次生林、小块丛林及稀树草坡等。多集群活动。主要以昆虫为食。繁殖期5～7月，营巢于天然树洞、废弃洞巢、电柱空洞或人工巢箱。巢呈碗状，主要由枯草茎、叶、根等构成，内垫羽毛和细草茎。

保护现状 | IUCN-LC、红色名录-LC、“三有”

丝光椋鸟（雄）©匡中帆

R 1～12月 稀 金山湿地

丝光椋鸟夜间体温明显低于白天，它们通过内源性的调节，即夜间降低体温、体重及代谢率等途径，调节生理能量平衡，从而适应昼夜环境变化[82]。

丝光椋鸟（雌）©王瑞卿

166. 灰椋鸟 *Spodiopsar cineraceus*

英文名：White-cheeked Starling **别名：**高粱头、白颊椋鸟、假画眉

野外识别特征｜体长20～24厘米。整体呈棕灰色；头顶、眼先及耳羽白色，具黑色杂纹；背、覆羽及下体褐色，具灰褐色细纹；具灰白色翼斑；腰及尾下覆羽白色；尾羽黑色而末端具白斑。

W 10月至翌年2月
稀 金山湿地

生态习性｜主要栖息于低山丘陵和开阔平原地带的疏林草甸、河谷阔叶林、林缘灌丛及小块丛林中。繁殖期成对活动，其他时期多集群活动。主要以昆虫为食，也吃少量果实与种子。繁殖期5～7月，营巢于天然树洞、废弃树洞、电柱空洞或人工巢箱。巢呈碗状，主要由枯草茎、叶、根等构成，内垫羽毛和细草茎。

保护现状｜IUCN-LC、红色名录-LC、“三有”

灰椋鸟的食物主要是农林害虫，在抑制害虫发生、保护植物方面具有重要意义[51]，应加强保护。

灰椋鸟©匡中帆

167. 黑领椋鸟 *Gracupica nigricollis*

英文名：Black-collared Starling　**别名：**花八哥、海南八哥、黑脖八哥、白头椋鸟

野外识别特征 | 体长27～29厘米。眼先、眼周及颊部具黄色裸皮，头部其余部分白色；颈环及上胸黑色；背及两翼黑色；翅上覆羽黑色并具白色端斑，形成多条白斑；尾黑而端白。雌鸟多褐色。

生态习性 | 主要栖息于山脚平原、草地、农田、灌丛、荒地、草坡等开阔地带。常成对或小群活动。主要以昆虫为食。繁殖期4～8月，营巢于高大乔木树冠层枝杈间。巢呈半球形或瓶状，结构庞大，主要由枯枝、草茎和草叶构成。

保护现状 | IUCN-LC、红色名录-LC、“三有”

黑领椋鸟巢址选择的主导因子是安全因子（距干扰源距离、巢高度）和食物因子（距农田距离），与喜鹊对巢址的选择需求相似[83]。

黑领椋鸟©张海波

黑领椋鸟©韦铭

168. 紫翅椋鸟 *Sturnus vulgaris*

英文名：Common Starling

紫翅椋鸟©匡中帆

野外识别特征 | 体长20～24厘米。羽色具闪辉黑、紫、绿色；具不同程度白色点斑；新羽为矛状，羽缘锈色而成扇贝形纹和斑纹，旧羽斑纹多消失。

生态习性 | 主要栖息于平原和山地的林缘、疏林、农田、果园等开阔地带。平时集小群活动，迁徙时集大群。主要以昆虫为食。繁殖期4～6月，营巢于天然树洞、建筑缝隙或人工巢箱，巢呈碗状，主要由枯草茎、叶和地衣等构成。

保护现状 | IUCN-LC、红色名录-LC、“三有”

P 8～10月 稀 金山湿地

地衣是紫翅椋鸟筑巢的重要材料，其中存在具有杀虫作用的化合物，可以保护雏鸟免受寄生虫侵害。但研究表明，紫翅椋鸟在巢中添加地衣更有可能与吸引配偶和刺激产卵有关[84]。

169. 橙头地鸫 *Geokichla citrina*

英文名：Orange-headed Thrush **别名**：黑耳地鸫、千鸣鸟

野外识别特征 | 体长18～22厘米。整个头、颈和下体橙栗色，其余上体包括两翼和尾蓝灰色或橄榄灰色，多具白色翼斑。

生态习性 | 主要栖息于低山丘陵和山脚地带的山地森林、竹林、林缘疏林等。常单独或成对活动。地栖性为主。性胆怯。主要以昆虫为食，也吃果实和种子。关于该物种繁殖生态的记录较少，常营巢于山地，巢主要由细枝、枯草茎和草叶构成。

保护现状 | IUCN-LC、红色名录-LC

P 10月至翌年2月
罕 凯龙寨、其他林区

2020年11月18日，安装于阿哈湖湿地凯龙寨保育区的红外相机拍摄到了橙头地鸫，是该物种在阿哈湖的首次记录。

橙头地鸫©西南山地　罗平钊

橙头地鸫©胡万新

170. 虎斑地鸫 *Zoothera aurea*

英文名：White's Thrush **别名**：顿鸡、虎斑山鸫

野外识别特征｜体长28～30厘米。整体大而壮实，具褐色鳞状斑纹；上体褐色，下体白色，黑色及金皮黄色的羽缘使其整体满布鳞状斑纹。

生态习性｜主要栖息于阔叶林、针阔混交林和针叶林中，属地栖性鸟类。常单独或成对活动。主要以昆虫和无脊椎动物为食，也吃少量果实、种子和嫩叶等。繁殖期5～8月，营巢于乔林中，巢呈碗状或杯状，主要由细树枝、枯草茎、草叶、苔藓、树叶和泥土构成，内垫松针、细草茎、细树枝和草根等。

保护现状｜IUCN-LC、红色名录-LC、“三有”

P 10月至翌年2月
稀 凯龙寨、其他林区

虎斑地鸫与橙头地鸫均为地鸫属鸟类，主要栖息于阿哈湖湿地西北部的阔叶林及混交林的林下地面，平时很难观察到，但通过红外相机可以拍摄到它们活动的身影。

虎斑地鸫©沈惠明

171．灰背鸫 *Turdus hortulorum*

英文名：Grey-backed Thrush　**别名：**灰乌鸫

灰背鸫（雌）©西南山地　袁晓

灰背鸫©孟宪伟

野外识别特征｜体长20～23厘米。雄鸟头、胸及两翼为灰色；喉灰白色，有时具深色细纵纹；腹部两侧有较大面积橙色；腹中央至尾下覆羽为白色。雌鸟与雄鸟相似，但颏、喉呈淡棕黄色，具黑褐色长条形或三角形端斑。

生态习性｜主要栖息于低山丘陵地带的茂密森林中。常单独或成对活动，迁徙期亦集小群或混群。主要以昆虫为食。繁殖期5～8月，营巢于林下幼树枝杈上，巢主要由树枝、枯草茎、枯草叶、树叶、苔藓和泥土构成，结构较为精致，内垫草根和松针等。

保护现状｜IUCN-LC、红色名录-LC、“三有”

W 10月至翌年2月
罕 凯龙寨、其他林区

灰背鸫主要栖息于阿哈湖湿地西北部的阔叶林及混交林的林下地面，平时不易观察到，通过红外相机可以拍摄到他们活动的身影。

172．黑胸鸫 *Turdus dissimilis*

英文名：Black-breasted Thrush

野外识别特征｜体长20～30厘米。雄鸟的喙呈亮黄色；头、颈及上胸均为黑色；背部至尾羽及两翼呈深灰色；下胸至两胁具大面积橙色，腹中央白色。雌鸟上体灰褐色，上胸具深褐色或黑色点斑，下胸至两胁橙色较窄，腹中央的白色部分面积较大。

R 常 1～12月
南郊、小车河沿岸、宣教中心、小微湿地、凯龙寨、其他林区

生态习性｜主要栖息于林下植物丰富的常绿阔叶林中。常单独或成对活动。地栖性，主要以昆虫为食。繁殖期5～7月，营巢于林下枝叶茂密的小树或灌木上，巢呈杯状，主要由苔藓、细草茎、泥土、须根等编织粘合而成。

保护现状｜IUCN-LC、红色名录-LC、“三有”

黑胸鸫胆大，地栖性为主，在阿哈湖湿地的很多林下都能看到它们活动的身影，鸣声动听，具辨识性。

黑胸鸫（雄）©张海波

黑胸鸫（雌）©张海波

黑胸鸫（幼鸟）©张海波

173. 乌灰鸫 *Turdus cardis*

英文名：Japanese Thrush **别名**：黑鸫、日本乌鸫

野外识别特征｜体长20～23厘米。雄鸟头、颈、胸为黑色；背、两翼及尾羽为深灰色；腹部白色，下胸及两胁具密集的黑色点斑。雌鸟上体褐色，下体白色为主；喉侧具深褐色纵纹；胸至两胁橙色，具密集的黑色点斑。

生态习性｜主要栖息于山地阔叶林、针阔混交林等。常单独活动。地栖性，主要以昆虫为食，也吃植物果实与种子。繁殖期5～7月，营巢于林下小树枝杈上。巢呈杯状，主要由苔藓、枯草茎、草根、树根、泥土等构成，内垫细草茎、兽毛或羽毛等。

保护现状｜IUCN-LC、红色名录-LC、“三有”

P 8～10月
罕 凯龙寨、其他林区

乌灰鸫主要栖息于阿哈湖湿地西北部的阔叶林及混交林中，不易直接观察到，其在阿哈湖的分布是由红外相机拍摄记录的。

乌灰鸫（亚成鸟）©柯晓聪

乌灰鸫（雄）©董文晓

174．灰翅鸫 *Turdus boulboul*

英文名：Grey-winged Blackbird　**别名：**日本乌鸫、灰膀鸫

 5～7月

 凯龙寨、其他林区

野外识别特征｜体长26～29厘米。雄鸟通体黑色，翼上具大而明显的淡灰色翼斑，较为醒目；腹至尾下覆羽具银灰色鳞状斑；嘴橙黄色，眼周黄色。雌鸟通体橄榄褐色具淡褐色翼斑。

生态习性｜繁殖期尤喜栖息于潮湿而茂密的常绿阔叶林，非繁殖期也常下到山脚、林缘灌丛、村寨和农田附近的斑块林中。常单独或成对活动。性胆怯。主要以昆虫为食。繁殖期5～7月，营巢于林下小树上。巢呈杯状，主要由苔藓、树叶、细枝和草茎等构成，杂一些泥土。

保护现状｜IUCN-LC、红色名录-LC

2020年12月30日，安装于阿哈湖湿地凯龙寨保育区的红外相机拍摄到了4只灰翅鸫（2雄2雌）在乔木林地面觅食，是该物种在阿哈湖的首次记录。

灰翅鸫（雌）©西南山地　何屹

灰翅鸫（雄）©张海波

175．乌鸫 *Turdus mandarinus*

英文名：Chinese Blackbird　**别名**：百舌、反舌、中国黑鸫、黑鸫、乌鸪、黑鸟、黑雀

乌鸫（雄）©孟宪伟

R 1～12月
常 南郊、小车河沿岸、宣教中心、小微湿地、金山湿地、凯龙寨、其他林区

野外识别特征｜体长26～28厘米。雄鸟除眼圈和喙为黄色外，全身都是黑色。雌鸟和初生鸟没有黄色眼圈，但有一身褐色的羽毛和喙。

生态习性｜主要栖息于森林、林缘疏林、果园和村寨附近的小树林等。常集小群在地面活动。主要以昆虫为食。繁殖期4～7月，营巢于居民区附近的乔木上。巢呈碗状，主要由枝条、枯草、松针等构成。

保护现状｜中国特有种、IUCN-LC、红色名录-LC

乌鸫在贵阳地区极常见，公园、花园、社区绿化带等常见其身影，喜食冬青果实，爱集群。善鸣唱，鸣声婉转动听，俗称“百舌”。取食的昆虫多是农林害虫，在抑制农林虫害的发生，维持自然生态平衡方面具有重要作用[51]。

乌鸫（左：幼鸟、右：雄）©张海波

乌鸫（孵卵）©张海波

乌鸫（幼鸟）©张海波

176. 斑鸫 *Turdus eunomus*

英文名：Dusky Thrush **别名**：串鸡、穿草鸡、斑点鸫

野外识别特征｜体长20～24厘米。眼先、耳羽、头顶、枕、后颈至背部为橄榄褐色；眉纹白色；颊白色具褐色杂斑；颏、喉白色，具深褐色短纵纹；腹中央至尾下覆羽白色，两胁浅褐色；翼上覆羽主要为栗色，具大块栗棕色斑。

生态习性｜主要栖息于各类森林、林缘灌丛、疏林、草地等。繁殖期成对活动，其他时期多集群。主要以昆虫为食。繁殖期5～8月，营巢于树干枝杈、树桩或地上。巢呈杯状，主要由细枝、枯草茎、草叶、苔藓等构成，内壁糊有泥土。

保护现状｜IUCN-LC、红色名录-LC、“三有”

P 10月至翌年2月
稀 凯龙寨、其他林区

斑鸫与红尾斑鸫（*Turdus naumanni*）存在较多杂交现象，杂交个体通常混迹于斑鸫或红尾斑鸫群中，习性、体型等均与斑鸫、红尾斑鸫类似[1]。

斑鸫©王进

177. 宝兴歌鸫 *Turdus mupinensis*

英文名：Chinese Thrush　**别名：**花穿草鸡、歌鸫

宝兴歌鸫©王天冶

野外识别特征｜体长20～24厘米。上体至尾羽均为橄榄褐色；眼先、颊为淡皮黄色，具褐色杂斑；耳羽具黑色新月形条斑；下体皮黄色，具明显的黑点；两翼橄榄褐色，具两道清晰翼斑。

生态习性｜主要栖息于山地河流附近潮湿茂密的混交林中。常单独或成对活动。多在林下地面觅食，主要以昆虫为食。繁殖期5～7月，营巢于树干枝杈上。巢主要由枯枝、草茎、草根、苔藓和黏土混合构成，内垫细草茎和纤维等。

保护现状｜中国特有种、IUCN-LC、红色名录-LC、“三有”

R　1～12月
罕　小车河沿岸

宝兴歌鸫因模式标本产于四川省雅安市宝兴县而得名，是中国特有种，种群数量较为稀少，应加强保护[51]。

178．蓝歌鸲 *Larvivora cyane*

英文名： Siberian Blue Robin **别名：** 黑老婆、蓝靛杠、蓝尾巴根子、青鸲、轻尾儿

蓝歌鸲（雄）©西南山地 何屹

野外识别特征｜ 体长12～14厘米。雄鸟上体蓝色，微具金属光泽；眼先、眼下方和颊近黑色；两翼蓝色为主；下体白色，尾蓝色。雌鸟上体橄榄色；颏、喉近白色；胸部具鳞状斑；腹部白色或淡黄褐色。

生态习性｜ 主要栖息于针叶林、混交林、林缘、阔叶林等。常单独或成对活动。地栖性，主要以昆虫为食。5月初开始营巢于阴暗潮湿、多苔藓的林下凹坑、土坎或岩洞等。巢呈杯状或碗状，外层主要由枯草茎、叶、枯枝和苔藓构成，内层主要为细草茎、叶柄，内垫干草、须根或兽毛、羽毛。

保护现状｜ IUCN-LC、红色名录-LC、“三有”

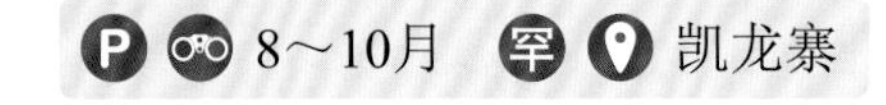

2020年8月29日，安装于阿哈湖湿地凯龙寨保育区的红外相机拍摄到了2只蓝歌鸲在乔木林地面觅食，是该物种在阿哈湖湿地的首次记录。

179. 红喉歌鸲 *Calliope calliope*

英文名： Siberian Rubythroat **别名：** 红点颏、西伯利亚歌鸲、红颏、点颏、红脖、野鸲

野外识别特征 | 体长13～16厘米。上体棕褐色，具清晰的白色眉纹和白色颊纹；雄鸟的颏和喉呈红色，雌鸟的颏和喉为淡红色或白色；腹部呈白色或淡黄褐色；尾较长，棕色，时常上翘。

S 5～7月 稀 凯龙寨

生态习性 | 主要栖息于低山丘陵和山脚平原地带的次生阔叶林和混交林中近水的地方。多单独或成对活动，繁殖期雄鸟叫声婉转。主要以昆虫为食。繁殖期5～7月，营巢于灌草丛中的地面。巢呈椭圆形，主要由杂草、嫩根、枯叶等组成。

保护现状 | 国家二级、IUCN-LC、红色名录-LC、“三有”

2020年8月30日，安装于阿哈湖湿地凯龙寨保育区的红外相机拍摄到了红喉歌鸲活动的身影，是该物种在阿哈湖湿地的首次记录。

红喉歌鸲（雄）©向定乾

红喉歌鸲（雌）©柯晓聪

180. 红胁蓝尾鸲 *Tarsiger cyanurus*

英文名：Orange-flanked Bluetail　**别名：**蓝点冈子、蓝尾巴根子、蓝尾杰、蓝尾欧鸲

红胁蓝尾鸲（雄）©张海波

野外识别特征｜体长13～15厘米。雄鸟上体蓝色或蓝灰色，眉纹白色；下体白色为主，两胁橙色；飞羽和大覆羽褐色；尾蓝色。雌鸟上体棕褐色，下体白色或略带褐色。

生态习性｜主要栖息于山地针叶林、混交林、林缘疏林、灌丛等。常单独或成对活动。地栖为主，主要以昆虫为食。多在5～6月开始营巢于密林中突出的树根或土崖洞穴中。巢呈杯状，主要由苔藓构成，有时内垫兽毛和松针。

保护现状｜IUCN-LC、红色名录-LC、“三有”

W 10月至翌年2月
常 小车河沿岸、宣教中心、小微湿地

成年雄性红胁蓝尾鸲上体以蓝色为主，而第一年的雄性或雌性以橄榄色为主。研究表明，红胁蓝尾鸲羽毛的结构色可能是一种攻击意图的信号，并以一种与“羽毛延迟成熟”假设相一致的方式降低了攻击互动的水平。“羽毛延迟成熟”（Delayed Plumage Maturation，DPM）是指鸟类在第一个繁殖季节无法获得和成年个体一样羽毛的现象，需要在第一个繁殖季完成后才能完全披上成鸟羽毛。狭义的DPM特指雀形目鸟类中雄鸟羽毛延迟成熟现象[85]。

红胁蓝尾鸲（雌）©张海波

181．鹊鸲 *Copsychus saularis*

英文名：Oriental Magpie Robin　**别名**：四喜、猪屎渣、吱渣、信鸟

野外识别特征｜体长19～22厘米。雄鸟的头、胸及上背蓝黑色，略具金属光泽；腹部白色；具醒目白色翼斑。雌鸟上体和胸部呈灰色，其余特征与雄鸟相似。

R 1～12月
常 南郊、小车河沿岸、宣教中心、小微湿地、金山湿地、凯龙寨、其他林区

生态习性｜主要栖息于低山丘陵和山脚平原地带的次生林、竹林、林缘疏林、灌丛等。单独或成对活动。主要以昆虫为食。繁殖期4～7月，营巢于树洞、墙壁、洞穴及建筑缝隙等。巢呈浅杯状或碟状，主要由枯草、草根、细枝和苔藓等构成，内垫松针、苔藓和兽毛。

保护现状｜IUCN-LC、红色名录-LC、“三有”

鹊鸲俗名“四喜”鸟，深受人类喜爱，这与它可人的外形姿态、活泼好动的习性、婉转动听的鸣声以及与人类伴生是息息相关的。

鹊鸲（雄）©张海波

鹊鸲（雌）©张海波

182. 北红尾鸲 *Phoenicurus auroreus*

英文名：Daurian Redstart **别名：**灰顶茶鸲、红尾溜、红弹弹、大红燕、黄尾鸲

北红尾鸲（雄）©张海波

北红尾鸲（亚成鸟）©张海波

野外识别特征丨体长13～15厘米。雄鸟头顶至枕部灰白色，背、头侧、颏及喉黑色；下体其余部分为橙棕色；两翼黑色，具醒目白色翼斑；中央尾羽黑褐色，其余尾羽橙棕色。雌鸟全身褐色或灰褐色，白色翼斑略小。

生态习性丨主要栖息于山地森林、河谷、林缘、灌丛等。常单独或成对活动。主要以昆虫为食。繁殖期4～7月，营巢于建筑物破洞、缝隙、屋檐、树洞或岩洞中。巢呈杯状，主要由苔藓、树皮、细草茎等构成，内垫兽毛、羽毛、细草茎等。

保护现状丨IUCN-LC、红色名录-LC、“三有”

R 常 1～12月

南郊、小车河沿岸、宣教中心、小微湿地、金山湿地、凯龙寨、其他林区

2018年5～8月，在贵州六枝地区首次记录到了大杜鹃对孵卵阶段的北红尾鸲的“放牧行为”，即通过破坏或捕食不适合寄生的宿主巢，迫使寄主重新筑巢以获取新的寄生机会[86]。

北红尾鸲（雌）©张海波

183．红尾水鸲 *Rhyacornis fuliginosa*

英文名： Plumbeous Water Redstart **别名：** 蓝石青儿、铅色水翁、铅色水鸫、溪红尾鸲、溪鸲燕

R 1～12月
常 小车河水域、小微湿地、水库支流

野外识别特征 | 体长12～15厘米。雄鸟除飞羽外整体暗蓝灰色，尾羽栗红色。雌鸟上体灰褐色，下体白色，具细密的灰色鳞状斑；尾羽白色；下体灰色，杂以不规则的白色细斑。

生态习性 | 主要栖息于山地溪流与河谷沿岸。常单独或成对活动。主要以昆虫为食。繁殖期3～7月，营巢于水岸洞隙或土坎下凹陷处。巢呈杯状或碗状，主要由枯草茎、叶、草根、细枯枝、苔藓、地衣等构成，内垫细草茎和草根，有时垫羊毛、纤维和羽毛。

保护现状 | IUCN-LC、红色名录-LC

红尾水鸲广泛分布于小车河，它们常常停栖于河中岩石或河边枝头上，雄鸟的红色尾羽上下摆动，甚为醒目，但雌鸟的尾羽是白色的。

红尾水鸲（雄）©张海波

红尾水鸲（雌）©张海波

红尾水鸲（幼鸟）©张海波

184．白顶溪鸲 *Chaimarrornis leucocephalus*

英文名：White-capped Water Redstart　**别名**：白顶水翁、白顶翁、白顶溪红尾

白顶溪鸲©匡中帆

野外识别特征｜体长16～20厘米。头顶至枕部白色，头部其余部分、胸、背及两翼皆为黑色；腰、尾上覆羽、腹和尾下覆羽为鲜艳而浓重的橙红色；尾较长，也为橙红色，且具宽阔的黑色端斑。

生态习性｜主要栖息于山区河谷、溪流。常单独或成对活动。主要以昆虫为食。繁殖期4～6月，营巢于石缝、岩洞、树洞或树根间。巢呈杯状或碗状，由苔藓混杂细根、落叶等构成，内垫细根、纤维或兽毛等。

保护现状｜IUCN-LC、红色名录-LC

R 1～12月 稀 小车河水域

在连续多年的监测中，只在小车河上游（阿哈水库泄洪口处）观察到1只白顶溪鸲雄鸟，未观察到它任何求偶、交配、繁殖等活动，始终“孤身一鸟”，关于它往后的生存动态值得持续关注。

185. 紫啸鸫 *Myophonus caeruleus*

英文名：Blue Whistling Thrush **别名**：鸣鸡、乌精、乌春、茅丝雀

野外识别特征 | 体长28～33厘米。整体蓝紫色或深蓝色；前额亮蓝色，眼先蓝黑色，头、背、胸、腹密布闪金属光泽的亮蓝色或淡紫色点斑；两翼深蓝色，部分个体有紫色渲染。

生态习性 | 主要栖息于临河流、溪流或密林中多岩石出露的地方。常单独或成对活动。主要以昆虫为食。繁殖期4～7月，营巢于岩缝、树杈或庙宇横梁上。巢呈杯状，主要由苔藓、草茎、泥等构成，内垫细草茎、须根等柔软物质。

R 1～12月
常 南郊、小车河沿岸、宣教中心、凯龙寨、其他林区、水库支流

保护现状 | IUCN-LC、红色名录-LC

紫啸鸫在阿哈湖湿地分布广泛，但种群数量不多，在白龙洞洞口、各支流或林间山溪偶尔能见到它们的身影。

紫啸鸫©李毅

186. 白额燕尾 *Enicurus leschenaulti*

英文名： White-crowned Forktail　**别名：** 白冠燕尾、黑背燕尾

野外识别特征 | 体长25～30厘米。整体黑白相杂。额白色，其余头部、颈、背、颏、喉黑色；腰、腹白色；两翼黑褐色，具白色翼斑；尾长，呈深叉状，长短不一，黑白相间并具白色端斑。

生态习性 | 主要栖息于山涧溪流与河谷沿岸。常单独或成对活动。主要以水生昆虫为食。繁殖期4～6月，营巢于水流湍急的林间山溪沿岸石缝中。巢甚隐蔽，呈盘状或杯状，主要由苔藓和须根编织而成，内垫细草茎和枯叶。

保护现状 | IUCN-LC、红色名录-LC

白额燕尾不属于水鸟，但常年临水而栖，偏爱水质较好的溪流河谷。平时多停息在水边、水中石头上，或在浅水中觅食，生性胆怯，通常受到惊扰就会立刻飞入水岸边的林中，发出“吱，吱，吱”的尖叫声[51]。

白额燕尾©贵州大学生物多样性与自然保护研究中心

白额燕尾©李毅

187. 黑喉石䳭 *Saxicola maurus*

英文名：Siberian Stonechat **别名：**野翁、石栖鸟、谷尾鸟

黑喉石䳭（雄）©张海波

黑喉石䳭（亚成鸟）©张海波

野外识别特征｜体长12～15厘米。雄鸟上体黑褐色；头、颏、喉黑色；颈侧和肩有白斑；胸锈红色；两翼具白色翼斑。雌鸟上体灰褐色，喉近白色。

生态习性｜主要栖息于低山丘陵、平原、草地、沼泽、田间灌丛等。常单独或成对活动。主要以昆虫为食。繁殖期4～7月，营巢于土坎、石缝、土洞、树洞或地上凹坑等。巢呈碗状或杯状，主要由枯草、细根、苔藓等构成，外层粗糙，内层精致，内垫兽毛和羽毛等。

保护现状｜IUCN-LC、红色名录-LC、“三有”

R 1～12月
常 金山湿地、水库支流

有学者在塞罕坝林场发现了9巢黑喉石䳭被大杜鹃寄生，说明黑喉石䳭也是大杜鹃的寄主之一，尽管两种鸟的卵差别明显，但都被黑喉石䳭接受了[87]。

黑喉石䳭（雌）©张海波

188. 灰林䳭 *Saxicola ferreus*

英文名：Grey Bushchat **别名：**灰丛树石栖鸟

野外识别特征丨体长13～15厘米。雄鸟头顶、枕、背呈灰色或灰褐色；白色眉纹长而清晰；眼先、眼周、颊为黑色；下体白色；尾黑色。雌鸟上体褐色，白色或皮黄色眉纹较清晰；颏、喉白色，下体余部为淡黄褐色或近白色。

生态习性丨主要栖息于林缘疏林、草坡、灌草丛等。常单独或成对活动。主要以昆虫为食。繁殖期4～7月，营巢于灌草丛、石洞或石头下。巢呈杯状，主要由苔藓、细草茎和草根等编织而成，内垫须根、细草茎、兽毛或羽毛。

保护现状丨IUCN-LC、红色名录-LC

灰林䳭（雄）©胡灿实

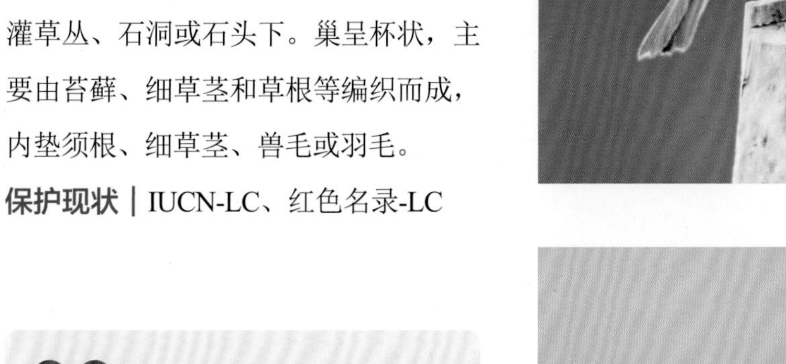

R 1～12月

常 南郊、小车河沿岸、宣教中心、凯龙寨、其他林区

灰林䳭在阿哈湖湿地分布广泛，种群数量丰富，主要以昆虫为食，在植物保护方面具有重要意义，应加强保护[51]。

灰林䳭（雌）©张海波

灰林鵖（雄）©张海波

灰林鵖（亚成鸟）©胡灿实

灰林鵖巢©张海波

189. 北灰鹟 *Muscicapa dauurica*

英文名：Asian Brown Flycatcher　**别名：**大眼鸟

P 8～10月
稀 南郊、小车河沿岸

野外识别特征｜体长11～14厘米。上体灰色至灰褐色；眼先及眼周白色；两翼深褐色，具两道不甚明显的白色狭窄翼斑；下体白色或灰白色；尾羽深褐色。

生态习性｜主要栖息于落叶阔叶林、针阔混交林和针叶林中。常单独或成对活动。主要以昆虫为食。繁殖期5～7月，营巢于林中乔木枝杈上。巢呈碗状，主要由枯草茎、草叶、树木韧皮纤维和大量苔藓、地衣等编织而成，内垫兽毛、细草茎等细软物质。

保护现状｜IUCN-LC、红色名录-LC、“三有”

北灰鹟生性机警，善于藏匿，鸣声低沉而微弱，在阿哈湖湿地主要分布于乔木林中，需要耐心等待与寻找才能观察到[51]。

北灰鹟©柯晓聪

北灰鹟©张海波

190. 棕尾褐鹟 *Muscicapa ferruginea*

英文名：Ferruginous Flycatcher　**别名**：棕尾鹟、红褐鹟

P 5～7月　罕 南郊

野外识别特征｜体长11～13厘米。头灰色，背橄榄褐色，腰及尾上覆羽棕色或栗红色；两翼深褐色，具一长一短两条褐色翼斑；颏、喉白色，胸、两胁及尾下覆羽淡棕色；尾红褐色。

生态习性｜主要栖息于山地常绿和落叶阔叶林、针叶林、针阔混交林和林缘灌丛。繁殖期成对活动，其他时期多单独活动。主要以昆虫为食。繁殖期5～7月，营巢于树木枝杈、树洞或岩隙间。巢呈碗状，主要由苔藓、地衣、蕨类和细根等构成。

保护现状｜IUCN-LC、红色名录-LC

2020年5月10日，阿哈湖湿地公园专业技术人员于南郊合理利用区的乔木林中拍摄到1只棕尾褐鹟，是该物种在湿地公园的首次记录。

棕尾褐鹟©张海波

191. 白眉姬鹟 *Ficedula zanthopygia*

英文名： Yellow-rumped Flycatcher **别名：** 黄腰姬鹟、三色鹟、鸭蛋黄

白眉姬鹟（雄）©张海波

白眉姬鹟（雌）©张海波

白眉姬鹟（卵）©贵州大学生物多样性与自然保护研究中心

野外识别特征｜体长11～14厘米。雄鸟头、颈及上背黑色，眉纹白色；腰黄色；两翼和尾黑色，具白色翼斑；下体鲜黄色。雌鸟的头至背灰绿色；腰黄色；尾羽深褐色；两翼深褐色，下体淡黄绿色。

生态习性｜主要栖息于低山丘陵和山脚平原地带的河谷、林缘疏林中。常单独或成对活动。主要以昆虫为食。繁殖期5～7月，营巢于天然树洞或废弃巢洞中。巢呈碗状，主要由枯草叶、草茎、细根、苔藓、树叶等构成。

保护现状｜IUCN-LC、红色名录-LC、“三有”

S 5～7月
稀 南郊、小车河沿岸、凯龙寨

白眉姬鹟属于次级洞巢鸟，次生林破碎化对它们繁殖产生了很大的影响，栖息地斑块面积、斑块形状指数、隔离度均在不同程度上影响着它们的繁殖参数[88]。

192．鸲姬鹟 *Ficedula mugimaki*

英文名： Mugimaki Flycatcher **别名：** 鸲鹟、姬鹟、郊鹟、麦鹟

鸲姬鹟（雌）©郭轩

野外识别特征 | 体长11～14厘米。雄鸟上体黑色，具较短的白色眉纹；具明显白色翼斑；尾羽黑色；颏、喉、胸及上腹部呈鲜橙红色，下腹及尾下覆羽白色。雌鸟上体包括腰褐色，下体似雄鸟但色淡。

生态习性 | 主要栖息于低海拔山地和平原湿润森林中。常单独或成对活动。主要以昆虫为食。繁殖期5～7月，营巢于树木近主干侧枝的枝杈间，巢主要由松枝、地衣、干草叶、干草茎等构成，内垫兽毛和细草茎。

保护现状 | IUCN-LC、红色名录- LC、“三有”

2017年5月，在阿哈湖湿地开展鸟类监测时，于合理利用区拍摄到3只鸲姬鹟，属于贵州省鸟类新记录种[89]。

P 5～7月 罕 南郊

鸲姬鹟（上：亚成鸟、中：雌、下：亚成鸟）©匡中帆

193. 红喉姬鹟 *Ficedula albicilla*

英文名：Taiga Flycatcher　**别名：**白点颏、红胸鹟、黄点颏

野外识别特征 | 体长11～14厘米。上体灰黄褐色；眼先、眼周白色；尾上覆羽和中央尾羽黑褐色，外侧尾羽基部白色；颏、喉繁殖期为橙红色，非繁殖期为白色；胸淡灰色，其余下体白色。

生态习性 | 主要栖息于低山丘陵和山脚平原地带的林缘疏林、灌丛及居民区附近的斑块林地内。常单独或成对活动。主要以昆虫为食。繁殖期5～7月，营巢于河岸老龄树洞或啄木鸟树洞中。巢呈杯状，主要由枯草茎、草叶及苔藓、兽毛等编织而成。

保护现状 | IUCN-LC、红色名录-LC、“三有”

P 5～7月　稀　小车河沿岸

红喉姬鹟生性胆怯，很少鸣叫，但较活泼[51]，整天不停地在树枝间跳跃或飞来飞去，只要细心观察，就能在小车河沿岸的灌丛中发现他们捕食的场景。

红喉姬鹟（冬羽）©张海波

红喉姬鹟（夏羽）©匡中帆

194．棕胸蓝姬鹟 *Ficedula hyperythra*

英文名：Snowy-browed Flycatcher　**别名**：马来棕胸蓝姬鹟

野外识别特征｜体长10～12厘米。雄鸟上体蓝灰色；具短而清晰的白色眉纹；翼上覆羽与上体同色，飞羽橄榄褐色；颏、喉至胸部橙色。雌鸟上体、两翼和尾羽皆为橄榄褐色；颏、喉为淡棕色；胸为棕褐色。

生态习性｜主要栖息于潮湿低地和山地森林。常单独或成对活动。主要以昆虫为食。繁殖期4～6月，营巢于天然树洞或废弃洞巢中。巢呈碗状，巢材随环境不同变化，主要由枯草叶、草茎、细根、树皮、苔藓等构成。

保护现状｜IUCN-LC、红色名录-LC

S 4～6月 罕 小车河沿岸

"种间喂养"在世界上的很多鸟类中都记录过，但国内记录很少。2017年6月，哀牢山记录到一只雄性棕胸蓝姬鹟在棕腹仙鹟（*Niltava sundara*）的巢中充当了2天"助手"，亲鸟没有表现出任何攻击性，可能是棕腹仙鹟雏鸟的乞食激发了棕胸蓝姬鹟的喂养行为[90]。

棕胸蓝姬鹟（雄）©西南山地　董磊

棕胸蓝姬鹟（雌）©西南山地　王昌大

195. 铜蓝鹟 *Eumyias thalassinus*

英文名： Verditer Flycatcher　**别名：** 铁观音

铜蓝鹟（成鸟）©张海波

野外识别特征 | 体长14～17厘米。雄鸟整体为鲜艳的湖蓝色；眼先黑色；两翼为略深的铜蓝绿色；尾下覆羽为深蓝绿色，具白色羽缘。雌鸟与雄鸟相似，但眼先为灰色或灰蓝色，全身羽色略淡。

生态习性 | 主要栖息于常绿阔叶林、针阔混交林、针叶林及林缘。常单独或成对活动。主要以昆虫为食。繁殖期5～7月，营巢于树根、石隙、树洞或墙壁洞穴中。巢呈杯状，主要由苔藓构成，有时掺杂细根和草茎，内垫细须根和苔藓。

保护现状 | IUCN-LC、红色名录-LC

S 5～7月
稀 南郊、小车河沿岸

铜蓝鹟是阿哈湖湿地公园内唯一一种整体身披湖蓝色羽毛的小鸟，在野外十分显眼，加之鸣声婉转动听，是深受观鸟爱好者喜爱的一种鸟类。

铜蓝鹟（上：亚成鸟、下：成鸟）©张海波

196．白喉林鹟 *Cyornis brunneatus*

英文名：Brown-chested Jungle Flycatcher　**别名**：褐胸林鹟

野外识别特征 | 体长14～16厘米。喙相对较长且粗厚，下喙浅色；上体、两翼及尾羽褐色，部分个体尾羽为棕褐色；下体白色为主，喉两侧及胸呈褐色，胸两侧褐色较深，几与上体同色。

生态习性 | 主要栖息于林缘下层、茂密竹丛、次生林及人工林。主要以昆虫为食。营巢于竹林或灌丛。巢呈碗状，主要由苔藓、树皮和羽毛等编织而成。关于白喉林鹟繁殖生态的资料较缺乏。

保护现状 | 国家二级、IUCN-VU、红色名录-VU、“三有”

白喉林鹟©张海波

S 5～7月 罕 南郊

不论是繁殖地还是非繁殖地，白喉林鹟都因生境退化、丧失而导致种群数量明显降低，应当加强其种群动态监测与栖息地恢复工作[91]。

白喉林鹟©张海波

197. 山蓝仙鹟 *Cyornis banyumas*

英文名： Hill Blue Flycatcher　**别名：** 黄肚石青

山蓝仙鹟（雌）©西南山地　王昌大

山蓝仙鹟（雄）©张海波

野外识别特征 | 体长13～15厘米。雄鸟上体、两翼和尾羽暗蓝色；额、眉纹辉蓝色；眼先、眼周及颊黑色；颏、喉、胸及两胁橙色；腹中央到尾下覆羽白色。雌鸟头部灰褐色，上体及两翼橄榄褐色；额、眼先、眼周淡棕黄色；颏、喉及胸部橙黄色；下腹至尾下覆羽白色。

生态习性 | 主要栖息于常绿落叶阔叶混交林、次生林和竹林中。繁殖期成对活动，其他时期多单独活动。主要以昆虫为食。繁殖期4～6月，营巢于竹林。巢呈浅杯状，主要由细草茎和藤编织而成。

保护现状 | IUCN-LC、红色名录-LC

S 4～6月 罕 南郊

自2019年以来，阿哈湖湿地公园的专业技术人员多次在南郊合理利用区观察到1只山蓝仙鹟雄鸟，将会持续观察其生存动态。

198. 橙腹叶鹎 *Chloropsis hardwickii*

英文名：Orange-bellied Leafbird **别名：**彩绿、橙腹木叶鸟

野外识别特征 | 体长17～21厘米。整体偏绿色。雄鸟额部至后颈黄绿色或蓝绿色；喉、颈部蓝紫色，下喙基部具蓝色髭纹；胸、腹及尾下覆羽橙黄色；背、两翼绿色，翼上羽缘、尾羽蓝紫色。雌鸟整体色浅，胸、腹橙色，两翼、尾羽绿色。

生态习性 | 主要栖息于低山丘陵和山脚平原地带的次生阔叶林、常绿阔叶林和针阔混交林中。常成对或小群活动。主要以昆虫为食。繁殖期5～7月，营巢于林中树上。巢呈杯状，由枯草茎、枯草叶和草根等构成。

保护现状 | IUCN-LC、红色名录-LC、“三有” R 1～12月 稀 小车河沿岸

每年春天，小车河沿岸盛开的樱花、李花会引来无数的昆虫觅食，橙腹叶鹎也会趁机飞到花树上捕食昆虫。

橙腹叶鹎（雄）©张海波

橙腹叶鹎（雌）©张海波

199. 蓝喉太阳鸟 *Aethopyga gouldiae*

英文名： Mrs Gould's Sunbird　**别名：** 桐花凤

野外识别特征 | 雄鸟体长13～16厘米，雌鸟体长9～11厘米。喙细长而下弯。雄鸟前额至头顶、耳覆羽、颏及喉部辉蓝紫色，其余头侧、颈侧及上体朱红色；胸红色；腰腹黄色；两翼橄榄褐色；尾上覆羽和中央尾羽基部蓝紫色，中央尾羽延长突出。雌鸟上体橄榄褐色；下体淡黄色。

生态习性 | 主要栖息于常绿阔叶林、混交林、稀树草坡等。常单独或成对活动。主要以花蜜为食。繁殖期4～6月，营巢于常绿阔叶林中。巢呈椭圆形或梨形，由苔藓、草叶、植物纤维、蛛网等构成。

保护现状 | IUCN-LC、红色名录-LC、“三有”

R　1～12月
稀　小车河沿岸、其他林区

蓝喉太阳鸟羽色艳丽，观赏价值较高，以花蜜和昆虫为食，在传播花粉和抑制虫害方面有重要意义[51]。

蓝喉太阳鸟（雌）©张海波

蓝喉太阳鸟（雄）©李毅

200. 叉尾太阳鸟 *Aethopyga christinae*

英文名：Fork-tailed Sunbird　**别名：**燕尾太阳鸟、亚洲蜂鸟

叉尾太阳鸟（雄）©胡灿实

野外识别特征｜体长8～11厘米。喙细长而下弯。雄鸟头顶辉绿色，眼先至脸颊黑色；背部橄榄绿色；腰鲜黄色；两翼暗褐色；尾上覆羽和中央尾羽辉蓝色；颏、喉至胸侧暗红色，下体浅黄色。雌鸟头颈及上体橄榄绿色，头顶具暗色鳞状斑；颏、喉及下体浅黄色。

生态习性｜主要栖息于低山丘陵和山脚平原地带的常绿阔叶林、次生林等。常单独活动，有时成对或小群。主要以花蜜为食。繁殖期3～5月，营巢于阔叶林树枝上。巢呈长梨状，主要由草茎、苔藓、枯叶、羽毛等编织而成，里层敷以地衣、细草根等。

保护现状｜IUCN-LC、红色名录-LC、“三有”

R 1～12月
稀 南郊、小车河沿岸、其他林区

叉尾太阳鸟的嘴细长而下弯，舌呈管状，专门用来吮吸花蜜，因此又被称为“亚洲蜂鸟”[92]。

叉尾太阳鸟（雌）©张海波

叉尾太阳鸟（雌）©张海波

201．白腰文鸟 *Lonchura striata*

英文名：White-rumped Munia　**别名：**偷饷雀、白丽鸟、十姊妹、算命鸟、衔珠鸟、观音鸟

野外识别特征｜体长10～12厘米。喙短粗；头栗褐色，胸至肩部、背部棕褐色，遍布淡色羽干纹；飞羽及尾羽近黑色；胸、腹及两胁灰白色，具不明显的暗色鳞状斑；腰白色。

R　1～12月
常　南郊、小车河沿岸、宣教中心、小微湿地

生态习性｜主要栖息于低山丘陵和山脚平原地带的灌草丛、溪流、苇塘、农田和村落附近。多集群活动。主要以谷粒、草籽、果实等植物性食物为食。繁殖期持续时间较长，营巢于田地和村庄附近的树上或竹林中，通常就地取材，巢材主要有杂草、竹叶、稻穗、麦穗等，内垫细草。

保护现状｜IUCN-LC、红色名录-LC

白腰文鸟喜结群，有时成群飞往农民的粮仓偷吃谷物，故有“偷饷雀”之称，冬季常数十只同居一起，又称“十姊妹”[51]。

白腰文鸟©张海波

白腰文鸟©张海波

202. 斑文鸟 *Lonchura punctulata*

英文名： Scaly-breasted Munia　**别名：** 花斑、衔珠鸟、鳞胸文鸟、小纺织鸟、鱼鳞沉香、香雀

野外识别特征 | 体长10～12厘米。头部栗褐色，前额、颊及喉部颜色较深；上体及两翼棕褐色，具近白色的羽干纹；下背、腰、尾上覆羽及尾羽黄褐色；下体白色，前胸及腹部两侧遍布粗大的深褐色鳞状斑。

生态习性 | 主要栖息于农田、村寨、林缘疏林及河谷地区。繁殖期成对活动，其他时期多成群。主要以谷粒等农作物为食。繁殖期持续时间较长，营巢于树木侧枝杈或蕨类植物上。巢呈长椭圆形或不规则圆球状，主要由杂草构成，内垫细软枯草。

保护现状 | IUCN-LC、红色名录-LC

R 常 1～12月
南郊、小车河沿岸、宣教中心、小微湿地

斑文鸟©张海波

斑文鸟与白腰文鸟常同域分布，但在人造园林中，两者的巢址分布模式差异很大。斑文鸟多选择枝条紧密的树，而白腰文鸟多选择枝干带刺的树营巢，可能是两者具有不同的防御策略[93]。

203. 山麻雀 *Passer cinnamomeus*

英文名： Russet Sparrow　**别名：** 红头麻雀、红雀、赭麻雀

野外识别特征｜ 体长13～15厘米。雄鸟头顶至上体栗红色；背部具黑色纵纹；眼周、颏与喉部黑色；颊部灰白色；下体余部灰白色；两翼带栗色，具白色双翼带；尾羽灰褐色。雌鸟上体棕色，具明显的皮黄色眉纹。

生态习性｜ 主要栖息于低山丘陵和山脚平原地带的各类森林和灌丛中。多集群活动。食性杂，以植物性食物和昆虫为食。繁殖期4～8月，营巢于岩壁天然洞穴、堤坝或桥梁洞穴、房檐下或墙壁洞穴中。巢主要由枯草叶、草茎和细枝构成，内垫棕丝、羽毛等。

保护现状｜ IUCN-LC、红色名录-LC、“三有”

R 1～12月
稀 南郊、小车河沿岸、金山湿地

与麻雀不同，山麻雀多活动于保育区的开阔林地或耕地附近的灌丛，较少出现在城镇、村庄等人为活动较为频繁的地区[51]。

山麻雀（雄）©张海波

山麻雀（雌）©张海波

204．麻雀 *Passer montanus*

英文名： Eurasian Tree Sparrow　**别名：** 树麻雀、房雀、瓦雀、家雀、老家子、老家贼、麻谷、南麻雀

野外识别特征 | 体长13～15厘米。额、头顶至后颈栗褐色，头侧白色，耳部有一醒目黑斑；背棕褐色具黑色纵纹；颏、喉黑色，其余下体灰白色，微沾褐色。

生态习性 | 主要栖息于人类居住的环境中。多集群活动。食性较杂，以谷粒等植物性食物为食，繁殖期也吃大量昆虫。繁殖期3～8月，营巢于屋檐和墙壁洞穴中。巢呈杯状或碗状，洞外巢则为球形或椭圆形，主要由枯草叶、草茎、须根、破布等构成，内垫兽毛、羽毛等。

保护现状 | IUCN-LC、红色名录-LC、“三有”

R 1～12月
优 南郊、小车河沿岸、宣教中心、小微湿地、金山湿地

麻雀（幼鸟）©张海波

随着城市化进程加快，人为噪声程度明显提高，这无疑会影响鸟类的声音交流。麻雀是城市环境中十分常见的物种，在嘈杂的噪声环境中，它们通过提高鸣声的最低频率来促进声信号传输[94]。

麻雀（成鸟）©吴忠荣

205．山鹡鸰 *Dendronanthus indicus*

英文名：Forest Wagtail　**别名：**林鹡鸰、树鹡鸰、刮刮油、横花牛屎

山鹡鸰©沈惠明

野外识别特征 | 体长16～18厘米。上体橄榄褐色；眉纹白色；两翼具黑白相间的翼斑；下体白色，胸前具两条黑色的胸带，靠下的一道有时不完整。

生态习性 | 主要栖于低山丘陵的山地森林中。常单独或成对活动。飞行呈波浪式。主要以昆虫为食。繁殖期5～7月，营巢于树木较粗的水平侧枝上。巢呈碗状，主要由草茎、草叶、苔藓、花絮等编织而成，内垫兽毛或羽毛等柔软材料。

保护现状 | IUCN-LC、红色名录-LC、“三有”

S　5～7月　稀　宣教中心

山鹡鸰在林间捕食，主要以昆虫为食，有益于森林虫害控制，应注意予以保护[51]。

206. 黄鹡鸰 *Motacilla tschutschensis*

英文名：Eastern Yellow Wagtail　**别名：**东黄鹡鸰、东方黄鹡鸰

8~10月　稀　金山湿地

野外识别特征 | 体长16~18厘米。头顶蓝灰色或暗色；上体橄榄绿色或灰色，具白色、黄色或黄白色眉纹；飞羽黑褐色具两道白色或黄白色横斑；尾黑褐色，最外侧两对尾羽大都白色；下体鲜黄色，胸侧和两胁有的沾橄榄绿色，有的颏为白色。

生态习性 | 主要栖息于林缘、林中溪流、河谷、村野、湖畔和居民区等。多成对或成群活动。主要以昆虫为食。繁殖期5~7月，营巢于河边岩坡草丛或沼泽草甸。巢呈碗状，主要由枯草茎、叶构成，内垫兽毛和羽毛。

保护现状 | IUCN-LC、红色名录-LC、“三有”

黄鹡鸰的食性以昆虫为主，对农林生产大有好处，应注意予以保护[51]。

黄鹡鸰©匡中帆

207．黄头鹡鸰 *Motacilla citreola*

英文名：Citrine Wagtail　**别名**：黄头点水雀

野外识别特征｜体长17～20厘米。雄鸟头鲜黄色，背黑色或灰色，部分后颈具一窄的黑色领环；尾羽黑褐色，外侧尾羽具大型楔状白斑；翼黑褐色，具白色羽缘；下体鲜黄色。雌鸟额和头侧辉黄色，头顶黄色，其余上体黑灰色或灰色；眉纹黄色；下体黄色。

生态习性｜主要栖息于河湖畔、农田、草地、沼泽等。常成对或小群活动。主要以昆虫为食。繁殖期5～7月，营巢于土丘地上或草丛中，巢主要由枯草叶、草茎、草根、苔藓等构成，内垫羽毛等柔软物质。

保护现状｜IUCN-LC、红色名录-LC、“三有”

黄头鹡鸰（雄）©张海波

黄头鹡鸰（雌）©孟宪伟

W 10月至翌年2月
罕 金山湿地

黄头鹡鸰主要分布于阿哈湖湿地金山村的沼泽及周边稻田，冬季通常于太阳出来后开始活动，常沿水边小跑追捕食物，栖息时尾常上下摆动，行为与白鹡鸰相似[51]。

208. 灰鹡鸰 *Motacilla cinerea*

英文名：Grey Wagtail **别名：**黄腹灰鹡鸰、灰鸰、马兰花儿

野外识别特征 | 体长17～20厘米。上体暗灰色或灰褐色；眉纹白色且较细；腰和尾上覆羽黄绿色；中央尾羽黑褐色，外侧一对尾羽白色；飞羽褐色具白翼斑；雄鸟颏、喉夏季为黑色，冬季为白色，雌鸟夏冬季均为白色；其余下体黄色。

生态习性 | 主要栖息于溪流、河谷、湖泊、水塘、沼泽等水岸或附近的草地、农田、住宅和林区等。常单独或成对活动，有时集小群或混群。主要以昆虫为食。繁殖期5～7月，营巢于河边土坑、水坝、河岸倒木树洞、墙缝等。巢材常因营巢环境不同而有所变化。

保护现状 | IUCN-LC、红色名录-LC、“三有”

W 10月至翌年2月
稀 小车河沿岸、金山湿地、水库支流

灰鹡鸰属食虫鸟类，其食性中有不少昆虫为农林害虫，是一种重要的农林益鸟，应加强对该物种及其栖息地保护[51]。

灰鹡鸰（冬羽）©柯晓聪

灰鹡鸰（夏羽）©贵州大学生物多样性与自然保护研究中心

209. 白鹡鸰 *Motacilla alba*

英文名：White Wagtail　**别名：**点水雀、白颤儿、白面鸟、白颊鹡鸰、眼纹鹡鸰、张飞鸟

野外识别特征｜体长17～20厘米。整体以黑、灰、白为主；上体灰色或黑色，下体白色；两翼及尾黑白相间；枕、颈、背及胸部具黑色斑纹，黑色的多少和纹样随亚种而异。雌鸟似雄鸟，但颜色更暗。

R 1～12月
常 小车河水域、小车河沿岸、宣教中心、小微湿地、金山湿地、水库支流

生态习性｜主要栖息于河流、湖泊、库塘等湿地岸边。常单独、成对或集小群活动，喜集群夜栖。主要以昆虫为食。繁殖期4～7月，营巢于水域附近岩洞、岩缝、河岸土坎及灌草丛中。巢呈杯状，主要由枯草茎、叶、草根、树皮等编织而成，内垫兽毛、绒羽等柔软物质。

保护现状｜IUCN-LC、红色名录-LC、“三有”

白鹡鸰是一种适应性很强的物种，分布在欧洲、亚洲和北非的部分地区，其身体由黑、白、灰三种颜色组合成不同的羽毛图案，这种现象与地理分布息息相关[95]。

白鹡鸰©张海波

白鹡鸰©张海波

210．田鹨 *Anthus richardi*

英文名：Richard's Pipit　**别名：**理氏鹨、大花鹨、花鹨

田鹨©王天冶

野外识别特征｜体长16～19厘米。整体褐色；头顶具暗褐色纵纹；眉纹浅皮黄色；背部具褐色纵纹；上胸也具较细小的黑色纵纹；下体皮黄色。

生态习性｜主要栖息于开阔平原、草地、河滩、林缘灌丛、农田和沼泽等生境。常单独或成对活动，迁徙期亦成群。主要以昆虫为食。繁殖期5～7月，营巢于河湖畔的草地凹坑内，隐蔽性好，巢呈杯状，主要由枯草叶、枯草茎等构成。

保护现状｜IUCN-LC、红色名录-LC、“三有”

P 8～10月　稀　金山湿地

因为用人名Richard来命名，所以田鹨也叫理氏鹨。它们多在地上奔跑觅食，主要以昆虫为食，在蝗虫分布较多的地区，以食蝗虫为主，是消灭蝗虫的天然助手[51]。

211．树鹨 *Anthus hodgsoni*

英文名：Olive-backed Pipit　**别名**：木鹨、麦加蓝儿、树鲁、麦鹨子、出溜、地麻雀

野外识别特征｜体长15～17厘米。整体呈橄榄色；白色眉纹粗显；耳后有淡色斑；喉部有黑色颚线；背部橄榄绿色，具黑褐色纵纹；具两道白色翼斑；腹部白色，胸、胁具黑色粗纵斑。

生态习性｜繁殖期主要栖息于阔叶林、混交林、针叶林、疏林灌丛等，迁徙期和冬季多栖息于林缘、路边、河谷、林间空地、草地等。常成对或小群活动。主要以昆虫为食。繁殖期6～7月，营巢于开阔地带的灌草丛浅坑内。巢呈浅杯状，主要由枯草茎、草叶和苔藓等构成。

保护现状｜IUCN-LC、红色名录-LC、“三有”

W 10月至翌年2月
常 南郊、小车河沿岸、凯龙寨、其他林区

河北塞罕坝林区根据树鹨与松树皮象（林业害虫）的特性，探索树鹨防治松树皮象的方法，树鹨每吃掉一只雌性成虫，就等于消灭60～120粒虫卵[96]。

树鹨©匡中帆

树鹨©张海波

212. 粉红胸鹨 *Anthus roseatus*

英文名：Rosy Pipit　**别名：**粉红鹨

野外识别特征 | 体长15～16厘米。夏羽眉纹、胸及腹部淡粉红色；下体无纵纹。冬羽粉红色褪去；眉纹米色，粗重而清晰；背灰色而具黑色粗纵纹；胸及两肋具浓密的黑色点斑或纵纹。

生态习性 | 主要栖息于山地、林缘、灌丛、水田、草原、河谷等。常单独或成对活动。主要以草籽等植物性食物为食。繁殖期通常6～7月，随营巢区的海拔不同而略有差异，营巢于林缘、林间空地、草地和田边等。巢呈杯状，主要由枯草茎和草叶构成，内垫兽毛、羽毛、枯草叶茎等。

保护现状 | IUCN-LC、红色名录-LC、“三有”

粉红胸鹨©柯晓聪

R 10月至翌年2月
稀 金山湿地

粉红胸鹨因繁殖期淡粉红色的眉纹、胸及腹部而得名，正如其英文名中“Rosy”一词所表达的一样。

粉红胸鹨©匡中帆

213．燕雀 *Fringilla montifringilla*

英文名：Brambling　**别名：**虎皮、虎皮燕雀、虎皮雀、花鸡、花雀

野外识别特征｜体长15～16厘米。嘴粗壮而尖，圆锥状。雄鸟从头至背亮黑色；颏、喉、胸橙黄色；腹至尾下覆羽白色；两胁淡棕色而具黑色斑点；两翼和尾黑色，具白色翼斑。雌鸟体色较浅，上体褐色而具黑色斑点；头侧和颈侧灰色。

生态习性｜主要栖息于阔叶林、针阔混交林和针叶林等各类森林中。繁殖期成对活动，其他时期多成群。主要以果实、种子等植物性食物为食。繁殖期5～7月，营巢于乔木枝杈处。巢呈杯状，主要由枯草、树皮等构成，外面常掺杂苔藓，内垫兽毛或羽毛。

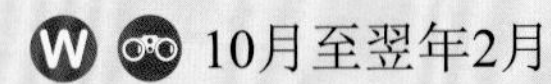

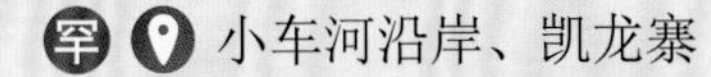

保护现状｜IUCN-LC、红色名录-LC、“三有”

燕雀（雌）©匡中帆

燕雀（雄）©匡中帆

“燕雀安知鸿鹄之志哉”中的“燕雀”并不一定就是这个物种，极有可能是指燕子、麻雀等体型较小、平凡常见的物种。“鸿鹄”一般是指雁形目中的大雁、天鹅等体型较大、飞行能力较强的一类鸟，也没有明确具体物种。

214．黑尾蜡嘴雀 *Eophona migratoria*

英文名：Chinese Grosbeak　**别名**：蜡嘴子、小桑嘴、皂儿（雄性）、灰儿（雌性）、铜嘴、皂子

黑尾蜡嘴雀（雄）©张海波

野外识别特征 | 体长17～19厘米。喙甚大而厚实。雄鸟头黑色；背棕褐色；两翼及尾黑色，具白色翼斑；胸灰色，两胁橙色；下腹至尾下覆羽白色。雌鸟头、背同为灰褐色，白色翼斑较窄；两胁橙色较淡。

生态习性 | 主要栖息于低山和山脚平原地带的阔叶林、混交林、林缘疏林、河谷、城市公园等。繁殖期单独或成对活动，非繁殖期集群。主要以种子、果实等植物性食物为食。繁殖期5～7月，营巢于乔木枝杈上。巢呈杯状或碗状，由枯草叶、草茎、须根、细枝等构成。

保护现状 | IUCN-LC、红色名录-LC、“三有”

S 5～7月
稀 小车河沿岸、金山湿地

黑尾蜡嘴雀主要通过咬破果实或种子的方式来获取其中的胚和胚乳等营养物质，这种取食方式破坏了种子的结构，不能对种子进行有效的传播，因此，该物种是果实或种子的捕食者[68]。

黑尾蜡嘴雀（雌）©匡中帆

215. 普通朱雀 *Carpodacus erythrinus*

英文名：Common Rosefinch **别名：**朱雀、麻料

野外识别特征｜体长13～16厘米。雄鸟头顶、腰、喉、胸红色或洋红色，背、肩褐色或橄榄褐色，两翼和尾黑褐色。雌鸟上体灰褐色或橄榄褐色，具暗色纵纹，下体白色或皮黄白色。

生态习性｜主要栖息于针叶林、针阔混交林、林缘、灌丛等。常单独或成对活动，非繁殖期多成小群。性活泼。主要以果实、种子等植物性食物为食。繁殖期5～7月。巢呈杯状，结构较松散，由枯草茎、草叶和须根等构成，内垫须根和少量兽毛。

保护现状｜IUCN-LC、红色名录-LC、"三有"

W 10月至翌年2月
罕 金山湿地

普通朱雀（雄）©西南山地 许明岗

普通朱雀（雌）©西南山地 唐军

普通朱雀是我国北方的常见鸟类，繁殖于东北北部，越冬于长江中下游。它们通过良好的物理及化学调节能力，保持恒定的体温，以适应冬寒冷、夏炎热的环境[98]。

216. 金翅雀 *Chloris sinica*

英文名：Gray-capped Greenfinch **别名：**黄豆雀、金翅、绿雀、芦花黄雀、黄弹鸟、黄楠鸟、谷雀

金翅雀©张海波

野外识别特征｜体长13～14厘米。嘴细直而尖，基部粗厚；头顶暗灰色；背栗褐色具暗色羽干纹；腰、尾下覆羽和尾基金黄色；翼上下都有一块大的金黄色斑。雌鸟色淡，颈、背具模糊纵纹。

生态习性｜主要栖息于开阔地带的疏林、灌丛、果园、苗圃、耕地及村寨附近的树丛等。常单独或成对活动，秋冬季节也成群。主要以果实、种子、草籽等植物性食物为食。繁殖期3～8月，营巢于树木枝杈或竹丛中。巢呈杯状或碗状，主要由细枝、草茎、草叶、须根等构成，内垫兽毛和羽毛等。

保护现状｜IUCN-LC、红色名录-LC、“三有”

R 常 1～12月
南郊、小车河沿岸、宣教中心、小微湿地、金山湿地、其他林区

金翅雀因翼上的金黄色斑而得名[51]，飞行时更为明显，在阿哈湖湿地分布广泛，种群数量丰富，鸣声单调尖锐而清脆，并带有颤音，极具辨识性。

217. 蓝鹀 *Emberiza siemsseni*

英文名：Slaty Bunting **别名**：蓝雀儿

野外识别特征 | 体长12～14厘米。雄鸟整体深蓝灰色；下腹至尾下覆羽白色；尾蓝黑色，外缘白色。雌鸟头及胸部红棕色，耳羽色浅；背部褐色；下腹部至尾下亦偏白色；尾灰褐色；腰为浅灰色。

生态习性 | 主要栖息于山地次生阔叶林、竹林、针阔混交林和人工针叶林，非繁殖期多栖息于山麓平坝、沟谷和林缘地带。多单独、成对或集小群活动。主要以草籽、种子等植物性食物为食，也吃昆虫等动物性食物。目前，关于蓝鹀繁殖生态的研究还很缺乏。

保护现状 | 国家二级、IUCN-LC、红色名录-LC、“三有”

W 10月至翌年2月
罕 金山湿地

蓝鹀在阿哈湖湿地分布数量极少，不易被观察到。该种是2021版《国家重点保护野生动物名录》中新增的国家二级重点保护鸟类[78]，应加强监测与保护。

蓝鹀（雄）©匡中帆

蓝鹀（雌）©匡中帆

218. 灰眉岩鹀 *Emberiza godlewskii*

英文名：Godlewski's Bunting　**别名：**灰眉子、灰眉雀、戈氏岩鹀

R 1～12月
稀 南郊、金山湿地

野外识别特征 | 体长16～17厘米。贯眼纹、侧冠纹和下颊纹黑色或栗色；头部其余部分、喉、上胸蓝灰色；背红褐色或栗色，具黑色纵纹；腰和尾上覆羽栗色；下胸、腹等下体红棕色或粉红栗色。雌鸟色淡。

生态习性 | 主要栖息于沟壑石山、灌草丛、耕地及林缘等，冬季移至开阔多矮树丛的生境。常成对或单独活动，非繁殖期集群活动。繁殖期4～7月，营巢于灌草丛基部、浅坑、耕地土埂或石缝中。巢呈杯状，主要由枯草茎、枯草叶、苔藓、蕨类、棕丝、兽毛等构成，偶尔垫少许羽毛。

保护现状 | IUCN-LC、红色名录-LC、“三有”

过去灰眉岩鹀（*Emberiza cia*）的*godlewskii*亚种已被提升为种，广泛分布于我国东部的大部分地区，*E. cia*仅见于新疆和西藏，而且体色较淡灰。因此，*E. godlewskii*为“灰眉岩鹀”，而将*E. cia*改称为“淡灰眉岩鹀”[13]。

灰眉岩鹀©胡灿实

219. 三道眉草鹀 *Emberiza cioides*

英文名：Meadow Bunting　**别名：**大白眉、犁雀儿、三道眉、山带子

野外识别特征 | 体长15～18厘米。雄鸟脸部有别致的褐色及黑白色图纹；背栗色具纵纹；腰棕色；耳羽褐色，喉白色；胸、腹栗色。雌鸟色较淡，眉纹及下颊纹皮黄色，胸皮黄色。

生态习性 | 主要栖息于林缘疏林、山坡幼林、灌丛等。繁殖期成对活动，冬季集小群。繁殖期主要以昆虫为食，非繁殖期主要以植物性食物为食。繁殖期5～7月，营巢于林缘、林下、灌草丛等。巢呈杯状或碗状，主要由枯草构成，内垫兽毛、羽毛等，因地区而异。

保护现状 | IUCN-LC、红色名录-LC、“三有”

三道眉草鹀（雌）©
贵州大学生物多样性与自然保护研究中心

三道眉草鹀（巢）©
贵州大学生物多样性与自然保护研究中心

R 1～12月
常 南郊、小车河沿岸、金山湿地

三道眉草鹀因醒目的头部图纹形似三道“眉”而得名。

三道眉草鹀（雄）©张海波

220．栗耳鹀 *Emberiza fucata*

英文名：Chestnut-eared Bunting　**别名：**赤胸鹀、赤脸雀、高粱颏儿

栗耳鹀©张海波

栗耳鹀©张海波

野外识别特征 | 体长15～16厘米。头顶至后颈灰色，颊和耳羽栗色；背栗色，具黑色纵纹；喉、胸白色；黑色下颊纹下延至胸部与上胸黑色纵纹相连，其下有栗色胸带；腹部皮黄色。雌鸟似非繁殖期的雄鸟，但色淡而少特征。

生态习性 | 主要栖息于林缘稀疏灌木、沼泽、草地、溪边灌木等。繁殖期多成对或单独活动，非繁殖期常集群。主要以昆虫为食。繁殖期5～8月，营巢于林缘、林间及沼泽草甸。巢呈杯状，外壁由枯草茎叶构成，内壁由草茎、须根和苔藓构成，内垫兽毛、羽毛等。

保护现状 | IUCN-LC、红色名录-LC、“三有”

W　10月至翌年2月

稀　金山湿地

栗耳鹀因具有栗色的颊和耳羽而得名，分布于阿哈湖湿地的种群数量稀少，主要活动于耕地及周边的草坡生境中。

221．小鹀 *Emberiza pusilla*

英文名：Little Bunting **别名：**高粱头、虎头儿、铁脸儿、花椒子儿、麦寂寂

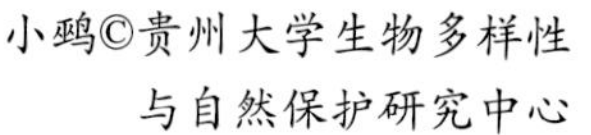

小鹀©贵州大学生物多样性与自然保护研究中心

小鹀©贵州大学生物多样性与自然保护研究中心

野外识别特征｜体长12～14厘米。头顶中央栗色，侧冠纹黑色，眼圈色淡，颊和耳羽栗色，在头侧形成栗色斑，其余上体褐色具纵纹。两翼及尾黑褐色；下体白色，两胁具褐色纵纹。雌鸟色淡。

生态习性｜繁殖期主要栖息于开阔的苔原和苔原森林地带，迁徙季和冬季主要栖息于低山丘陵和山脚平原地带的灌丛、草地、林缘等。繁殖期成对或单独活动，其他时期多集小群。主要以草籽等植物性食物为食。繁殖期6～7月，营巢于灌丛、草丛。巢呈杯状，主要由枯草茎、叶构成，内垫细枯草茎、叶和兽毛。

保护现状｜IUCN-LC、红色名录-LC、“三有”

W 10月至翌年2月

常 南郊、小车河沿岸、金山湿地

研究表明，小鹀具有良好的化学体温调节能力，能较好地适应寒冷冬季和炎热的夏季[99]。

222. 黄喉鹀 *Emberiza elegans*

英文名：Yellow-throated Bunting **别名：**春暖儿、探春、黄豆瓣、黑月子、黄眉子、黄凤儿、黄蓬头、虎头凤

R 1～12月
常 南郊、小车河沿岸、宣教中心、小微湿地、金山湿地、凯龙寨、其他林区

野外识别特征｜体长14～15厘米。雄鸟冠羽黑褐色；眼先至耳羽及脸颊黑色；眉纹鲜黄色；背部褐色具纵纹；尾羽黑褐色；喉黄色；胸部具黑色倒三角斑；腹部以下白色；胸侧及胁部有褐色纵纹。雌鸟色淡，头部黑色转为褐色，前胸黑斑不明显或消失。

生态习性｜主要栖息于低山丘陵的阔叶林、混交林、林缘灌丛、草坡及斑块次生林中。繁殖期单独或成对活动，非繁殖期多集小群。主要以昆虫为食。繁殖期5～7月，营巢于草丛或树根旁。巢呈杯状，主要由枯草茎、叶、草根等构成，再垫兽毛等柔软物质。

保护现状｜IUCN-LC、红色名录-LC、“三有”

黄喉鹀（雌）©柯晓聪

黄喉鹀雌雄相似，但它们相同的黄色羽和白色羽在紫外光色度上存在显著差异。雄鸟的体重及脸部黑色羽的亮度、可见光色度和色调呈显著正相关，雌鸟可通过这些羽色来评价雄鸟个体的质量[100]。

黄喉鹀（雄）©张海波

223. 灰头鹀 *Emberiza spodocephala*

英文名：Black-faced Bunting **别名：**青头楞、青头鬼儿、蓬鹀、青头雀、黑脸鹀

野外识别特征 | 体长14～15厘米。雄鸟嘴基、眼先、颊黑色；头、颈、颏、喉和上胸灰绿色，有的颏、喉、胸为黄色具黑色斑点；上体橄榄褐色具黑褐色羽干纹；两翼和尾黑褐色，具两道白色翼斑；胸淡黄色；腹至尾下覆羽黄白色；两胁具黑褐色纵纹。雌鸟头和上体灰褐色具黑色纵纹；腰和尾上覆羽无纵纹；具淡皮黄色眉纹；下体白色或黄色；嘴基、眼先、颊、颏不为黑色，其余同雄鸟。

生态习性 | 主要栖息于林缘疏林、灌丛、稀树草坡等。繁殖期多成对或单独活动，非繁殖期常成家族或小群。主要以动物性食物为食。繁殖期5～7月，营巢于次生林和灌草丛中。巢呈杯状或碗状，主要由枯草茎、叶、根、花絮、兽毛和羽毛等构成。

保护现状 | IUCN-LC、红色名录-LC、“三有”

灰头鹀（雌）©匡中帆

W 10月至翌年2月
稀 小车河沿岸、凯龙寨、其他林区

研究表明，灰头鹀具备良好的物理调节能力（行为调节）和化学调节能力（代谢产热），能更好地适应其生存环境[101]。

灰头鹀（雄）©匡中帆

[1] 刘阳, 陈水华. 中国鸟类观察手册[M]. 长沙: 湖南科学技术出版社, 2021: 686.

[2] 中华人民共和国文化和旅游部. 国家级非物质文化遗产代表性项目名录——苗族芦笙舞（锦鸡舞）[EB/OL]. [1月31日]. http://www.ihchina.cn/Article/Index/detail?id=12954.

[3] 湿地中国.贵阳阿哈湖国家湿地公园发现贵州省鸟类新记录——栗树鸭[EB/OL].[6月10日]. http://www.shidicn.com/sf_6352B4F9CF72448C96EDBBC9DFB90E99_151_60651A5C38.html.

[4] 湿地中国. 阿哈湖国家湿地公园发现贵阳市鸟类新记录——翘鼻麻鸭[EB/OL]. [6月10日]. http://www.shidicn.com/sf_48AFE6AB58F244E08E364B25F1190E5A_151_60651A5C38.html.

[5] 吴忠荣, 崔卿, 郭轩, 等. 鸳鸯[J]. 森林与人类, 2016(01): 22-25.

[6] 刘利, 张乐, 刘云鹏, 等. 包头南海子湿地赤膀鸭(*Mareca Strepera*)组织与环境中重金属含量的相关性[J]. 生态与农村环境学报, 2019,35(04): 476-483.

[7] PÖYSÄ H, ELMBERG J, GUNNARSSON G, et al. Habitat associations and habitat change: seeking explanation for population decline in breeding Eurasian wigeon *Anas penelope*[J]. Hydrobiologia, 2017,785(1).

[8] 国家林业和草原局. 国家林业和草原局关于规范禁食野生动物分类管理范围的通知[EB/OL]. [6月10日]. http://www.forestry.gov.cn/main/5461/20200930/165748565561144.html.

[9] 徐宏发, 钱国桢. 绿翅鸭、琵嘴鸭、斑嘴鸭越冬期的生存能力[J]. 生态学报, 1989(04): 330-335.

[10] PROKOP P, TRNKA R, TRNKA A. First videotaped infanticide in the common pochard *Aythya ferina*[J]. Biologia, 2009,64(5).

[11] 科普中国. 鸟类眼睛的秘密[EB/OL]. [2月2日]. http://www.xinhuanet.com/science/2019-09/20/c_138407630.htm.

[12] 赵正阶. 中国鸟类志（上卷[非雀形目]）[M]. 吉林: 吉林科学技术出版社, 2001: 797.

[13] 郑光美. 中国鸟类分类与分布名录（第三版）[M]. 北京: 科学出版社, 2017: 492.

[14] 周友兵, 青云, 张君, 等. 火斑鸠孵卵期和育雏期伴巢行为[J]. 四川动物, 2004(02): 88-92.

[15] 粟通萍, 蒋爱伍, 梁伟. 棕腹杜鹃和乌鹃的宿主新记录[J]. 动物学杂志, 2016,51(06): 1142-1143.

[16] 杨灿朝, 蔡燕, 梁伟. 小杜鹃对强脚树莺的巢寄生及其卵色模拟[J]. 动物学研究, 2010,31(05): 555-560.

[17] 粟通萍, 邵玲, 霍娟, 等. 中杜鹃捕食比氏鹟莺的卵[J]. 生态学杂志, 2017,36(01): 89-93.

[18] HOYO J, COLLAR N J. HBW and BirdLife International Illustrated Checklist of the Birds of the World Volume 1: Non - passerines [M]. Barcelona: Lynx Edicions, 2014: 903.

[19] ZHU C, PENG C, HAN Y, et al. Low Genetic Diversity and Low Gene Flow Corresponded to a Weak Genetic Structure of Ruddy-Breasted Crake (*Porzana fusca*) in China[J]. Biochemical Genetics, 2018,56(9): 1-32.

[20] 关霞. 黑翅长脚鹬和金眶鸻的巢址选择[D]. 首都师范大学, 2008.

[21] 梁昕, 韩娇娇, 刘子玥, 等. 凤头麦鸡(*Vanellus vanellus*)的生态学研究进展[J]. 中国农学通报, 2013,29(29): 1-5.

[22] 王增礼, 张伟. 曲阜河滨两种鸻形目鸟类觅食行为对人为干扰的响应[J]. 安徽农业科学, 2009,37(04): 1586-1587.

[23] 赵成, 李艳红, 胡杰, 等. 嘉陵江中游长嘴剑鸻冬季觅食地选择[J]. 四川动物, 2012,31(01): 22-26.

[24] 王朝斌, 李建国, 胡锦矗. 四川南充地区彩鹬繁殖习性的观察[J]. 西华师范大学学报(自然科学版), 2016,37(02): 153-157.

[25] MANSOUREH M, ZAHRA H. Mercury levels in common (*Actitis hypoleucos*) and green (*Tringa ochropus*) sandpipers from west-central Iran.[J]. Bulletin of environmental contamination and toxicology, 2015,94(5).

[26] MURAOKA Y, SCHULZE C H, PAVLIČEV M, et al. Spring migration dynamics and sex-specific patterns in stopover strategy in the Wood Sandpiper *Tringa glareola*[J]. Journal of Ornithology, 2009,150(2).

[27] 梁良, 姜志诚, 王方, 等. 中国红嘴鸥研究进展[J]. 野生动物学报, 2019,40(02): 484-490.

[28] 孙继旭. 黑龙江七星河灰翅浮鸥繁殖期行为及巢址生境选择研究[D]. 东北林业大学, 2015.

[29] 蒋爱伍, 宁宇新. 钳嘴鹳在中国西南部的新分布(英文)[J]. Chinese Birds, 2010,1(04): 259-260.

[30] 张永文, 夏宏伟, 关中老狼, 等. 曾被宣布灭绝的彩鹮首例在中国境内的自然繁殖记录[J]. 环

球人文地理, 2020(1).

[31] 谷德海. 大麻鳽年生活周期的运动生态学[D]. 河北大学, 2018.

[32] KIM M R, YOO J C. Begging behavior and food allocation in hatching asynchronous broods of the Chinese little bittern *Ixobrychus sinensis*: 23rd International Ornithological Congress[C], Beijing, 2002.

[33] MASHIKO M, FUJIOKA M, MORIYA K, et al. Natural Hybridization between a Little Egret (*Egretta garzetta*) and a Chinese Pond Heron (*Ardeola bacchus*) in Japan[J]. Waterbirds, 2012,35(1).

[34] WINDEN J, POOT M J M, van HORSSEN P W. Large Birds can Migrate Fast: The Post-Breeding Flight of the Purple Heron *Ardea purpurea* to the Sahel[J]. Ardea, 2010,98(3).

[35] 李秀明, 李晓民, 宋玉波, 等. 基于卫星跟踪技术的三江平原大白鹭幼鸟活动区分析[J]. 野生动物学报, 2015,36(04): 395-401.

[36] 约翰马敬能, 卡伦菲利普斯, 何芬奇. 中国鸟类野外手册[M]. 长沙: 湖南教育出版社, 2000: 571.

[37] SOLIMAN K M, MOHALLAL E M E, ALQAHTANI A R M. Little egret (*Egretta garzetta*) as a bioindicator of heavy metal contamination from three different localities in Egypt[J]. Environmental Science and Pollution Research, 2020(prepublish).

[38] 王方, 姚冲学, 张志中, 等. 云南哀牢山凤头鹰繁殖记录[J]. 动物学杂志, 2018,53(05): 700-768.

[39] BONTA M, GOSFORD R, EUSSEN D, et al. Intentional Fire-Spreading by "Firehawk" Raptors in Northern Australia[J]. Journal of Ethnobiology, 2017,37(4): 700-718.

[40] 马强, 溪波, 李建强, 等. 河南灰脸鵟鹰繁殖习性初报[J]. 动物学杂志, 2011,46(04): 40-41.

[41] GRZEGORZ G, DANUTA K, SZYMON C, et al. Tawny owl (*Strix aluco*) as a potential transmitter of Enterobacteriaceae epidemiologically relevant for forest service workers, nature protection service and ornithologists.[J]. Annals of agricultural and environmental medicine : AAEM, 2017,24(1).

[42] CLARKE J A. Moonlight's influence on predator/prey interactions between short-eared owls (*Asio flammeus*) and deermice (*Peromyscus maniculatus*)[J]. Behavioral Ecology and Sociobiology, 1983,13(3).

[43] ZAMANI-AHMADMAHMOODI R, ESMAILI-SARI A, SAVABIEASFAHANI G M. Mercury levels in selected tissues of three kingfisher species; *Ceryle rudis*, *Alcedo atthis*, and *Halcyon smyrnensi*, from Shadegan Marshes of Iran[J]. Ecotoxicology, 2009.

[44] 许晓东, 童宇. 中国古代点翠工艺[J]. 故宫博物院院刊, 2018(01): 65-72.

[45] SHAHABUDDIN G, MENON T, CHANDA R, et al. Ecology of Rufous-bellied Woodpecker *Dendrocopos hyperythrus* in Himalayan oak forests[J]. FORKTAIL, 2018(34): 58-64.

[46] 周世锷, 孙明荣, 葛庆杰, 等. 星头啄木鸟繁殖习性的研究[J]. 动物学杂志, 1980(03): 33-34.

[47] 胡加付. 农田林网中大斑啄木鸟对光肩星天牛控制作用的研究[D]. 北京林业大学, 2008.

[48] 汪洋. 红隼——随风摇曳的猎手[J]. 博物, 2012(6): 14-17.

[49] PONITZ B, SCHMITZ A, FISCHER D, et al. Diving-Flight Aerodynamics of a Peregrine Falcon (*Falco peregrinus*)[J]. PLOS ONE, 2014,9(2).

[50] 孟晓静, 张克勤, 邓文洪. 黑枕黄鹂巢址选择研究[J]. 北京师范大学学报(自然科学版), 2014,50(02): 174-177.

[51] 赵正阶. 中国鸟类志（下卷[雀形目]）[M]. 吉林: 吉林科学技术出版社, 2001: 959.

[52] 周友兵, 张璟霞, 胡锦矗, 等. 小灰山椒鸟的育雏行为[J]. 生物学通报, 2005(03): 24-25.

[53] BIRDLIFEINTERNATIONAL. *Pericrocotus brevirostris*. The IUCN Red List of Threatened Species 2018[EB/OL]. [29March]. https://dx.doi.org/10.2305/IUCN.UK.2018-2.RLTS.T22706760A130429818.en.

[54] 刘彬, 许鹏, 薛丹丹, 等. 盐城滨海海堤林中黑尾蜡嘴雀和黑卷尾的巢址选择与生态位[J]. 生态学杂志, 2020,39(01): 186-193.

[55] 阮祥锋, 溪波. 发冠卷尾性别判定的初步研究[J]. 动物学杂志, 2011,46(05): 146-150.

[56] 付义强, 李勇, 胡锦矗. 寿带鸟繁殖期鸣声行为的初步研究[J]. 四川动物, 2008(06): 1079-1081.

[57] 任刚, 李恩, 赵世烨, 等. 棕背伯劳羽色多态与MC1R基因的相关性[J]. 生物多样性, 2020,28(06): 688-694.

[58] LEGG E W, CLAYTON N S. Eurasian jays (*Garrulus glandarius*) conceal caches from onlookers[J]. Animal Cognition, 2014,17(5).

[59] 王琳. 灰喜鹊认知能力初探[D]. 南京大学, 2019.

[60] 欧佳. 鲜见于唐代文献的驯禽——红嘴蓝鹊[J]. 碑林集刊, 2016(00): 209-219.

[61] 刘小如, 丁宗苏, 方伟宏, 等. 台湾鸟类志[M]. 台北: 行政院农业委员会林业局, 2010: 2061.

[62] 朱成林, 黄进文, 张建新, 等. 纯色山鹪莺的领域鸣叫[J]. 动物学研究, 2008(03): 285-290.

[63] 杨灿朝, MΦLLER ANDERS PAPE, 马志军, 等. 螃蟹捕食显著降低东方大苇莺和大杜鹃的繁殖成效: 第十二届全国鸟类学术研讨会暨第十届海峡两岸鸟类学术研讨会[C]. 中国浙江杭州, 2013.

[64] 张凯, 张萌萌, 徐雨. 家燕种群变化趋势研究进展[J]. 四川动物, 2019,38(05): 587-593.

[65] 米小其, 邓学建, 周毅, 等. 烟腹毛脚燕生态习性的初步观察[J]. 动物学杂志, 2007(02): 140-141.

[66] 姜仕仁, 丁平, 施青松, 等. 白头鹎方言的初步研究[J]. 动物学报, 1996(04): 361-367.

[67] 刘鹏. 浙江天童国家森林公园栗背短脚鹎（*Hemixos castanonotus*）鸣声特征研究[D]. 华东师范大学, 2018.

[68] LIU J P, MA L K, ZHANG Z Q, et al. Maximum frequency of songs reflects body size among male dusky warblers *Phylloscopus fuscatus* (Passeriformes: Phylloscopidae)[J]. The European Zoological Journal, 2017,84(1).

[69] 粟通萍, 霍娟, 杨灿朝, 等. 中杜鹃在3种宿主巢中寄生繁殖[J]. 动物学杂志, 2014,49(04): 505-510.

[70] IVANITSKII V V, MAROVA I M. Huge memory in a tiny brain: unique organization in the advertising song of Pallas's Warbler *Phylloscopus proregulus*[J]. Bioacoustics, 2012,21(2).

[71] MESHCHERYAGINA S, BACHURIN G, BOURSKI O, et al. Egg Size as the Main Stimulus to Discriminatory Behavior of the Yellow-Browed Warbler (*Phylloscopus inornatus*, Phylloscopidae) under Brood Parasitism of the Oriental Cuckoo (*Cuculus optatus*, Cuculidae) [J]. BIOLOGY BULLETIN, 2020,47(7): 821-835.

[72] 王缉健. 极北柳莺是火力楠丽绵蚜的天敌[J]. 广西林业, 1989(05): 35.

[73] 邵玲, 粟通萍, 陈光平, 等. 栗头鹟莺繁殖生态的初步观察[J]. 动物学杂志, 2016,51(04): 707-712.

[74] 郭贵云, 周友兵, 张君, 等. 四川南充市区红头长尾山雀的巢址选择、繁殖习性与帮手行为[J]. 动物学杂志, 2006(06): 29-35.

[75] SHIRAZINEJAD M P, ALIABADIAN M, MIRSHAMSI O. Habitats matter: the incidence of and response to fear screams in a habitat generalist, the vinous-throated parrotbill *Paradoxornis webbianus*[J]. Behavioral Ecology & Sociobiology, 2015,69(10): 1-10.

[76] 杨灿朝, 蔡燕, 梁伟. 大杜鹃(*Cuculus canorus*)与其宿主灰喉鸦雀(*Paradoxornis alphonsianus*)的卵色模拟(英文)[J]. Chinese Birds, 2013,4(01): 51-56.

[77] 宁继祖, 郭延蜀, 韩艳良. 笼养状态下白领凤鹛声行为的初步研究[J]. 西华师范大学学报(自然科学版), 2008(03): 278-282.

[78] 国家林业和草原局政府网. 新国家重点保护野生动物名录公布[EB/OL]. [6月10日]. http://www.forestry.gov.cn/main/3957/20210205/153020834857061.html.

[79] 杨艳多, 戴传银. 国内暗绿绣眼鸟(*Zosterops japonicas*)和灰腹绣眼鸟(*Z.palpebrosa*)的准确识别[J]. 基因组学与应用生物学, 2020,39(06): 2542-2551.

[80] 朱遵燕, 黄天鹏, 姚辉, 等. 神农架川金丝猴捕食矛纹草鹛雏鸟简报[J]. 兽类学报, 2019,39(05): 585-589.

[81] 于德芳, 郭延蜀. 蓝翅希鹛消化系统的初步研究[J]. 四川动物, 2007(04): 919-922.

[82] 赵磊, 郑立云, 张伟, 等. 丝光椋鸟的代谢产热特征及体温调节的日周期变化[J]. 动物学杂志, 2013,48(02): 269-277.

[83] 李阳林, 郭志锋, 徐陈华, 等. 架空输电线路杆塔黑领椋鸟和喜鹊的巢址选择[J]. 江西师范大学学报(自然科学版), 2018,42(06): 578-581.

[84] IBAÑEZ L M, GARCÍA R A, FIORINI V D, et al. Lichens in the nests of European starling *Sturnus vulgaris* serve a mate attraction rather than insecticidal function[J]. Turkish Journal of Zoology, 2018(3).

[85] MORIMOTO G, YAMAGUCHI N, UEDA K. Plumage color as a status signal in male－male interaction in the red-flanked bushrobin, *Tarsiger cyanurus*[J]. Journal of Ethology, 2006,24(3): 261-266.

[86] 钟国, 万桂霞, 王龙舞, 等. 大杜鹃对北红尾鸲的放牧行为[J]. 动物学杂志, 2019,54(06): 800-805.

[87] 王艳秋. 塞罕坝林区大杜鹃在黑喉石䳭巢中寄生观察[J]. 野生动物学报, 2018,39(03): 699-701.

[88] 曹长雷, 高玮. 温带次生林破碎化对白眉姬鹟繁殖的影响[J]. 四川动物, 2008(02): 183-188.

[89] 张海波, 匡中帆, 吴忠荣, 等. 贵州省鸟类新记录——鸲姬鹟(*Ficedula mugimaki*)[J]. 贵州科学, 2019,37(04): 21-22.

[90] LUO K, HU Y, LU Z, et al. Interspecific feeding at a bird nest: Snowy-browed Flycatcher (*Ficedula hyperythra*) as a helper at the Rufous-bellied Niltava (*Niltava sundara*) nest, Yunnan, Southwest China[J]. Wilson Journal of Ornithology, 2018,130(4): 1003-1008.

[91] BIRDLIFEINTERNATIONAL. *Cyornis brunneatus*. The IUCN Red List of Threatened Species 2016[EB/OL]. [1月31日]. https://www.iucnredlist.org/species/103761460/94193481.

[92] 孔宪璋. 祖国的珍禽[M]. 祖国的珍禽, 1983.

[93] 孙楠, 刘晨阳, JITTIMA KONGKASAWAT, 等. 人造园林中斑文鸟和白腰文鸟的巢址选择[J]. 四川动物, 2020,39(03): 316-322.

[94] 王艳雯, 王佳宇, 苗浩宇, 等. 城市噪声使树麻雀鸣唱的最低频率升高[J]. 动物学杂志, 2020,55(04): 440-448.

[95] SHIRAZINEJAD M P, ALIABADIAN M, MIRSHAMSI O. The evolutionary history of the white wagtail species complex, (Passeriformes: Motacillidae: *Motacilla alba*)[J]. Contributions to Zoology Bijdragen Tot De Dierkunde, 2019,88(3): 1-20.

[96] 刘亚春. 树鹨防治松树皮象的措施[J]. 中国林业, 2011(08): 41.

[97] 史永红, 李新华, 郭忠仁. 黑尾蜡嘴雀冬季对树木果实的取食作用[J]. 生物学杂志, 2012,29

(03): 20-23.

[98] 柳劲松, 王岩, 李豁然. 普通朱雀标准代谢率的初步研究[J]. 动物学杂志, 2001(03): 16-19.

[99] 柳劲松, 李铁, 王春山. 小鹀和栗鹀体温调节特征的初步研究[J]. 黑龙江大学自然科学学报, 2002(03): 112-114.

[100] 杨灿朝, 蔡燕, 梁伟. 黄喉鹀的羽色与雄鸟质量相关性分析[J]. 四川动物, 2011,30(01): 1-5.

[101] 李铭, 柳劲松, 韩宏磊, 等. 太平鸟和灰头鹀的代谢产热特征及体温调节[J]. 动物学研究, 2005(03): 287-293.

中文名索引

A

B

C

D

F

G

H

J

L

M

N

P

Q

S

T

W

X

Y

Z

拉丁名索引

A

B

C

D

E

F

G

H

I

J

L